山东省软科学研究计划项目"新旧动能转换背景下山东省水产技术推广机制创新研究"（2017RKB01151）

山东省高等学校人文社科研究项目"供求契合视角下山东省水产技术推广机制研究"（J17RB139）

我国沿海地区水产技术推广体系优化研究

A RESEARCH ON THE OPTIMIZATION OF
AQUATIC TECHNOLOGIES PROMOTION SYSTEM IN CHINA

金炜博◎著

经济管理出版社
ECONOMY & MANAGEMENT PUBLISHING HOUSE

图书在版编目（CIP）数据

我国沿海地区水产技术推广体系优化研究/金炜博著 . —北京：经济管理出版社，2019.4
ISBN 978 - 7 - 5096 - 6425 - 4

Ⅰ.①我…　Ⅱ.①金…　Ⅲ.①水产养殖—技术推广—研究—中国　Ⅳ.①S96

中国版本图书馆 CIP 数据核字（2019）第 035277 号

组稿编辑：胡　茜
责任编辑：任爱清
责任印制：黄章平
责任校对：陈　颖

出版发行：经济管理出版社
　　　　　（北京市海淀区北蜂窝 8 号中雅大厦 A 座 11 层　100038）
网　　　址：www. E-mp. com. cn
电　　　话：(010) 51915602
印　　　刷：北京晨旭印刷厂
经　　　销：新华书店
开　　　本：720mm×1000mm 1/16
印　　　张：12. 25
字　　　数：220 千字
版　　　次：2019 年 8 月第 1 版　2019 年 8 月第 1 次印刷
书　　　号：ISBN 978 - 7 - 5096 - 6425 - 4
定　　　价：59. 00 元

前　言

　　农业是国民经济的基础，渔业是农业发展的重要构成。"十二五"是我国渔业发展最好的时期之一，健康的水产技术推广体系对推动现代渔业建设、促进渔业生产方式转变具有积极的推动作用。现实中，渔业发展受资源环境刚性约束的影响日益突出，向渔业要产量、向单产要产量的需求更加迫切，这就对建设持续发展型"水产技术推广体系"提出了更高的要求。我国水产技术推广体系建设起步较晚，基础较薄弱，发展不平衡，在履行公益性推广职能中存在较多问题。水产技术推广经费保障不足、推广设施条件落后、基层推广队伍不稳和管理体制不顺等现实性问题制约着"一主多元"型水产技术推广体系的建设发展，也从很大程度上制约着我国现代渔业的有序发展。

　　鉴于此，本书基于供求契合理论、技术创新扩散理论、技术成果转化理论、农民行为改变理论和系统理论，从技术供求契合视角对我国水产技术推广体系进行了探究。在分析我国水产技术推广体系建设现状的基础上，定量测度了全国水产技术推广综合效率，并针对各地区水产技术推广综合效率水平进行了定性分析；在此基础上，以山东省青岛市为例，对水产技术供给与需求现状进行调研，通过构建供求契合度模型对异质性渔户的水产技术种类、推广机构和推广方式进行契合关系分析；通过总结水产技术推广体系存在的现实问题，借鉴国外水产技术推广体系建设经验，提出我国水产技术推广体系优化的目标、方案与对策。主要研究结论有如下五点：

　　第一，我国水产技术推广体系建设存在不足。从水产技术研发角度出发，对水产科研机构、科研队伍和研发成果等方面进行了分析，进而对我国水产技术体系的推广机构、推广队伍、推广经费、教育培训和运行机制等要素进行了探究。研究发现，水产技术研发系统是我国水产技术推广体系有序开展推广工作的重要构成，政府主导型水产技术推广体系具有自身优势，但在体系建设与运行方面存在较多不足，打造"一主多元"式水产技术推广体系是水产技术推广工作的重点。

第二，我国沿海地区水产技术推广效率存在差异化。各地区水产技术推广综合效率差别相对较大，通过运用三阶段数据包络分析模型来测度我国沿海地区水产技术推广体系的工作效率，运用 Malmquist-DEA 方法进一步测算我国沿海地区水产技术推广效率与推广体系的全要素生产率。研究发现，我国沿海地区水产技术综合推广效率水平还有较大提升空间，各省份水产技术推广体系运营管理水平存在一定差异。不同省市的水产技术推广效率均不同程度地受到环境变量与随机干扰因素影响。2006～2017 年，我国沿海地区水产技术推广效率整体较高，各个省市推广效率存在较大波动。我国沿海地区水产技术推广体系全要素生产率呈现出"V"字形的动态变化格局，部分地区年份的效率变化相对显著。

第三，我国沿海地区异质性渔户水产技术供求契合存在差异。运用分类别列联表分析法构建供求契合度模型，以山东省青岛市 5 区 3 市的 321 名异质性渔户作为研究对象，选取水产技术供求种类、水产技术供求机构和水产技术供求方式三项指标，分析水产技术推广体系提供水产技术满足渔户技术需要的契合程度，得出阶段性水产技术供求契合现状。研究发现，针对各类渔户的水产技术供求契合水平总体较低。其中，水产养殖大户的技术供求契合水平相对最高；养殖小户和养殖中户的技术供求契合水平大致相当，契合水平介于养殖大户和捕捞渔户之间；捕捞渔户的技术供求契合水平最低。

第四，同国外水产技术推广体系相比存在较大差距。通过对美国、日本和韩国水产技术推广体系进行分析，从推广机构设置、推广队伍建设、推广经费来源及使用、水产技术推广立法等方面进行了研究。研究发现，结合我国水产技术推广体系建设现状，应从加强政府主导地位、打造高素质推广队伍、建立多元化推广经费投入渠道、实现推广内容多元化、加强协作式推广和完善立法等方面推进我国水产技术推广体系建设。

第五，提出我国沿海地区水产技术推广体系优化目标、方案与对策。在总结当前水产技术供求契合、水产技术推广体系建设的基础上，通过借鉴国外体系建设先进经验来最终确定从供给方和需求方两个角度进行水产体系优化。制定"一主多元"水产技术推广体系主体构成、"多方联动"运行机制、"法规完善"规范环境优化方案，最终提出我国沿海地区水产技术推广体系优化的相关对策。

目　录

第一章 绪 论

第一节 问题的提出

一、研究背景

党的十九大报告中明确提出"坚持陆海统筹,加快建设海洋强国"要求,建设海洋强国是全面建设社会主义现代化强国的重要组成部分。我国渔业的健康、高效发展以先进的水产科学技术为支撑,稳健的水产技术推广体系是保证水产技术有效推广的关键。2017年,全国水产技术推广总站、中国水产学会编制《全国水产技术推广工作"十三五"规划》,该书在总结我国"十二五"水产技术推广工作主要成效基础上,针对我国水产技术推广体系工作领域、队伍建设、经费保障和机制创新等方面存在的不足,提出推进水产技术推广体系改革和建设的具体措施,就着力提升渔业转方式调结构支撑服务能力、水产品质量安全技术服务能力、渔业绿色发展支撑服务能力、渔业产业融合发展支撑服务能力、渔业公共信息服务能力和水产技术推广改革创新能力方面提出具体要求,就"一主多元"型水产技术推广体系建设制定了相应的规划指导。

我国海岸线总长3.2万多千米,境内湖泊众多,水系发达,各类水产资源多达2400多种,具备渔业发展的先天性优势。2017年,我国水产品总产量6445.33万吨,水产经济总产值为24761.22亿元。其中,渔业产值高达12313.85亿元,海洋捕捞产值为1987.65亿元,海水养殖产值为3307.40亿元,淡水捕捞产值为461.75亿元,淡水养殖产值为5876.25亿元,水产苗种产值为680.80亿元。与此同时,2017年全国渔民人均纯收入为18452.78亿元,比2016年增长9.16%。水产技术推广体系的稳定建设决定着我国渔业的长远发展。从全国范围来看,2017年,水产科研机构有98个,水产科研机构从业人员6233人,全国水产技术推广站12305个,水产技术推广人员实有人数为33196人,中高级职称技术推广人员仅占水产技术推广人员总数的 9.68% 左右，水产技术推广经费 314529.47 万元，水产技术示范基地为 2518 个。与此同时，2017 年，全国水产技术推广机构共组织渔民技术培训 15894 期，共计培训渔民 1072137 人次，公共信息服务覆盖 1345306 户，发布公共信息 6994613 条，印发水产类期刊资料 5610341 份。

一般而言，水产技术推广体系的良好运行事关渔业的长效发展，水产技术的有效供给是提高水产品产量的关键。由于计划经济时期形成的水产技术推广方法与模式同市场经济发展过程中不断形成的水产技术需求之间的矛盾日益突出，水产技术推广效率相对落后、水产技术供需契合相对不高和多元化水产技术推广机构协同推广机制落后等问题日益凸显。随着渔业现代化进程的加快，必须加强水产技术的研发、推广和应用有序发展，在保证政府推广机构主导发展的同时强化科研院所、龙头企业、经济合作组织等其他机构协同推广，在保证水产技术有效供给的基础上拓宽水产技术需求主体的广度与深度，推进我国水产技术推广体系的可持续性发展。

二、研究意义

学术界关于水产技术推广体系的研究相对较少，本书立足于供求契合理论、技术创新扩散理论、技术成果转化理论、农民行为改变理论和系统理论，结合已有研究成果界定水产技术推广体系的相关内涵，分析我国水产技术推广体系建设与发展现状，在探究我国沿海地区水产技术推广效率发展水平的基础上，从水产技术供给和需求两个角度实证分析异质性渔户对当前水产技术推广的契合现状，总结我国沿海地区水产技术推广体系存在的问题，通过总结梳理国外水产技术推广体系建设现状并归纳相关经验的基础上，最终提出了优化水产技术推广体系的相关对策建议，以期为我国沿海地区水产技术推广体系建设发展提供一定参考，为推动"渔业增产、渔民增收"提供相应的理论支持。研究意义主要有两点：

（1）理论意义。基于水产技术供给和需求视角，探究水产技术推广体系的建设与发展存在的问题，针对推广效率水平不高的现实，围绕异质性渔户多样性技术需求现实进行水产技术推广体系优化，探究供给与需求契合型水产技术体系建设方案，有利于丰富我国水产技术推广相关理论体系，在此基础上完善水产技术推广存在的理论缺失。与此同时，通过对异质性渔户对水产技术需求与供给的契合关系研究，深化技术创新扩散理论、技术成果转化理论和农民行为改变理论，为推广相关技术理论提供一定借鉴。

（2）实践意义。通过实地调研样本地区异质性渔户水产技术供给与需求情况，分析了渔户对不同水产技术推广的技术类型、推广主体和推广方式的供求契合现状，提出了异质性渔户技术需求所适应的水产技术供给方式，实现了水产技术推广工作的针对性与匹配性，在很大程度上有利于提高水产技术推广体系的运行效率。与此同时，水产技术推广体系的优化最大限度地保证了针对异质性渔户多样化水产技术供给的有效性，利于在水产技术有效研发、多机构协同推广和技术应用等领域形成良性循环，提高水产技术研发、推广和渔业生产的有效对应能力，提升水产技术转化水平，对发展现代渔业、促进渔业发展方式转变产生积极作用。

第二节　国内外研究动态

国内外对农业技术推广的研究成果丰富，科学化、系统化的现实研究为水产技术推广体系深入研究提供了有效借鉴。

一、国外研究动态

最早国外关于技术推广的研究可以追溯到 16 世纪。随着现代科学的兴起与发展，将科学应用于实践的农业教育运动逐渐开展起来。17 世纪中叶，英国通过制订缜密的教育计划，各高等院校通过设置实践实习课，农学学生的动手操作课程也包含其中；17 ~ 18 世纪，欧洲开始出现大量关于农业题材的文学作品，其中以《法国大百科全书》的编写最具影响；18 世纪 70 ~ 80 年代，欧洲开始建立农业院校，并通过专业化教育培养一批具有动手操作能力的农业专业化人才。在欧洲和北美，农业团体是农业技术推广的先驱。1723 年，苏格兰"农业知识改进者学会"成立，标志着欧洲农业技术推广的开始；1744 年，"美国哲学会"成立，其由一个农业文章出版组织逐渐发展成一个科学团体，对美国农业技术推广工作的开展意义重大；1761 年，法国建立了农学家学会，通过出版农业读物的方式向农民传播农业技术；1764 年，德国第一个农业团体建立；1843 年，北美地区通过巡回教师到各地讲授农业技术知识，推广农业技术；1853 年，美国成立的农民研究所，开始将农业推广作为一门学科来研究，这是美国农业技术推广的前驱。农业技术推广的研究日渐丰富，主要有以下三个方面的研究：

（一）关于农业技术推广体系的研究

农业技术推广体系研究是水产技术推广体系研究的基础，国外学者主要对农业技术推广体系的影响因素、运行机制、基层技术推广和市场化技术推广等方面进行了探究，其研究具有时间性、全面性和成熟性等特点。政府是世界多数国家农业技术推广工作的主体，农业技术推广工作也是政府职能的必要性延伸（I. Arnon Ing，1989）。农业技术推广体系是保证粮食安全的关键，实现科学化推广有利于推动农业技术推广体系的发展（Gershon Feder，et al.，2001）。从供给主体视角来看，农业技术推广体系建设必须依托市场导向（W. M. Rivera，et al.，1998），加强整个推广队伍的体验学习方式、管理实践方式、网络推广方式和农业推广项目等方面管理，提升农业技术推广人员能力与素质（Rachel Percy，2000），创新农业技术推广培训内容（Bjørnar Sæther，2010），培训更多专业化农技推广人员（Donkor Emmanuel，et al.，2016），引入竞争机制，增强基层推广队伍服务意识，提升农业技术推广效率（Rupert Friederichsen，2013），推动农业科技成果转化效率，改进农业技术推广方式，加强科研主体、推广主体和农户三者之间的沟通与联系（Francesco Goltti，et al.，2007），首次重视农业技术推广（Yigezu A. Yigezu，et al.，2018），加强农业技术推广体系工作速度。同时要发挥其他农业技术推广主体如农场的作用（Stephen Whitfield，2015），配合政府农业技术推广体系整体推广工作。从需求主体视角来看，强化农民在农业技术推广体系中资源优化主体地位，通过高效化技术推广提升农业生产产量与质量（Jujes N. Pretty，1991），培育模范化农民典型，鼓励农业知识和技术予以合法性生产与转让，且强化农民、农业技术推广机构、农业技术研究机构及其私营部门利益连接（Marcus Taylor，et al.，2018），降低成本效益干预进而最大限度地提高技术采纳效率（Andrew Barnes，et al.，2019），实现农业技术采纳与农业技术扩散的有效契合。

（二）关于农业技术推广方式的研究

农业技术推广方式是农业技术推广体系运行效果的核心路径，科学、高效的农技推广方式有利于提高农技推广效率，也是检验整个农技推广体系建设与发展的关键。A. Roekasah（1967）总结了印度尼西亚 BIMAS 型农业技术推广方式，该方式通过试点将农业科研高校的科研成果高效化传递到农民手中，实现粮食增产。农民成人教育是早期农业技术推广的重要方式（William M. Rivera，1998），农业技术推广方式主要体现为农民参与技术培训教育，如 Juan B. Climent（1991）通过构建指标体系测度农业技术推广教育，提出强化农业技术推广教育的重要性。归根结底，农业技术推广的本质就是农业技术教育计划，农业与教育政策是推广方式的重点，必须制定满足农民技术需求的专业化农业教育培训（S. H. Worth，2008），实现有效农业技术推广教育推进农业技术推广效率的目的（Martin Mulder，et al.，2011）。除农民教育之外，农业技术推广队伍培训也是推广方式研究的另一重要领域。专业化的推广队伍是实现农业技术有效传播的关键路径，农业技术推广人员依托农民团体及其活动将农技理论、方法等同一线推广充分结合，以农民农技教育方式予以开展（Rasheed Sulaiman V，et al.，2000），David J. Spielman 等（2008）提出，通过构建科学的人力资源结构改变农业技术教育培训，不断满足多元化的农业技术推广需求。与此同时，Jock R. Anderson 等（2007）研究发现，公益性无偿服务的主要对象是收入较低的农民群体，而收入较高的农民则选择私营性有偿服务的农技推广方式。基于此，农技推广工作应根据农民需求不断调整（P. Kibwika，et al.，2009），农业推广政策也根据农民需求进行合理调整（Mumtaz A. Baloch，2017），实现农业技术推广工作精准化。在推广方法方面，依托农技推广机构及推广人员的能力建设、基础设施改善、资助经费增加等方式来促进推广人员流动（Clifton Makate，et al.，2018），运用大众传媒等新型工具降低社会距离及信息限制产生的问题（I. A. Akpabio，2007；Kelvin M. Shikuku，2019）。

（三）关于私有化农业技术推广体系的研究

农业技术私有化推广对政府公益性农业技术推广体系具有重要的职能弥补作用，鉴于国外私营化农业技术推广体系的发展成熟程度，更多的国外学者认为应推进私营化农业技术推广体系建设，弥补政府公共化农技推广体系，实现两者作用的最大化发挥。早在 1987 年，L. Van Crowder 对农业技术推广体系的公共部门和私营部门进行了系统化细致性分析，他发现，政府主导的农技推广部门和私营化农技推广部门对解决小农户的技术需要发挥了不同的作用，私营化农技推广机构能更好地解决大部分小农户的农业技术需要。在此基础上，Steven Wolf 等（2001）对两者的信息获取渠道、内部信息运用模式及其相关决策机制进行了进一步的研究，印证了私营化推广组织弥补公共推广机构推广不足的现实。1999年，Sally P. Marsh 等基于澳洲农技推广现实研究，提出政府参与农技推广为主导，鼓励私营部门积极参与，重点开发和培育农技推广人才的建议。同年，M. H. Hall 等研究发现，政府干预农技推广行为在现实中具有很强的阻碍作用，以此提出鼓励并支持私有化农技推广工作，全面提高农业技术推广体系的作用发挥的相关建议；Lefter Daku 等（2005）对该问题提出，建立公共资金预算机制和评价激励机制，以农技推广体系私有化改革减少公共农技推广部门的消极作用。Sally P. Marsh 等（2004）进一步印证了政府型农技推广机构和私营化农技推广机构对提高农业技术生产效率发挥了互补性作用。关于农业技术推广体系私营化的研究，A. D Kidd 等（2000）提出以多维、渐进和灵活的运作特点推动农业技术推广私有化的发展方式，而 Andrew P. Davidson 等（2002）认为，将技术推广成本效益和技术需求相结合，有利于推进农业技术推广体系私有化发展。现实中，很多学者通过测度私营化农业技术推广的影响因素分析对私营化问题进行了实证探析，如 Abdolmotalleb Rezaei 等（2009）使用多重回归分析对伊朗农技推广服务商提供私营化服务的 5 项影响因素进行了准确预测，Donus K. Buadi 等（2013）对加纳地区私有组织提供技术服务同农民受益的关系的影响因素进行了实证分析，并总结了非政府农技推广体系的作用。通过实证分析，多数学者认为加强私营化农技推广体系建设具有重要意义。因此，农技推广体系私营化发展已逐渐成为农业技术推广体系未来发展的重点，政府需要提出加强对私有化农技推广行为的引导与支持，扩大私有化农技推广体系的影响力（Pierre Labarthe，2013）。私营化农业技术推广体系的相关研究对进一步探究我国“一主多元”型水产技术推广体系，尤其是加强非公益性水产技术推广体系研究具有重要的参考价值。

综上而言，国外学者对农业技术推广体系的研究重点总结如下：以市场为导向，以农民需求为主体，强化农业技术推广队伍质量，推进农民农技教育培训，结合高新技术通信手段优化技术推广方式，针对政府主导型农技推广的现实，剖析问题，在此基础上引入推广竞争机制，政府为低收入农民群体提供无偿性公益化推广服务，私有化推广机构对高收入农民群体提供有偿性推广服务，协调政府推广机构和私营化机构之间的关系，使农业技术推广体系功能最大化发挥，为农民提供更全面、更周到的技术推广服务。上述研究对我国水产技术推广体系优化尤其是对加强私营化水产技术推广具有重要的借鉴价值。

二、国内研究动态

尽管国内学者关于农业技术推广体系的研究相对较晚，但具有研究范围广、研究内容深、研究成果丰富等特点，对水产技术推广体系的研究具有一定的借鉴价值。

（一）关于农业技术推广体系的相关研究

国内关于农业技术推广体系的研究成果相对较多，研究方向由单一型农业技术推广体系研究向多元化研究发展。部分学者提出建立适应农村新形势的农业技术推广服务体系的发展理念（丁亚成等，1984），坚持市场导向和把握农民技术需求是社会主义农业技术推广体系建设的关键（简小鹰，2006），具体从政府投入、人员建设、推广方式和法制建设等方面构建适应市场、需求的农业技术推广体系（袁纪东等，2005），着力打造政府主导和市场发展双模式结合的新型农业技术推广体系（朱方长等，2009）。政府在我国农业技术推广体系中（周青，2009）加强组织结构、管理体制、投入制度、运行机制及"教科推"机制集合等方面的政府主导作用（朱方长等，2010），构建政府主导型高效化、纯公益农业技术推广体系意义凸显（谢方等，2005）。实践中，政府主导型农业技术推广体系存在一定不足，如推广机构职能弱化（王宇等，2015）、供求契合失衡（杜丽华，2011）、农技推广员与农民交互缺失（张水玲等，2014）、投资重复和缺乏协调分工（汪发元等，2015）等问题，对构建新型政府主导下的农业技术推广体系提出需求。部分学者认为，应构建多类型、多层次、多体制共存的复合型农业技术推广体系（邵法焕，2005），将农业教育与科研单位同时作为农技推广主力，鼓励涉农企业、农业合作经济组织、农业产业化机构等积极参与，尝试探索多元化农技推广模式（李维生，2007）。鉴于此，王琳瑛等（2016）认为，应尝试分层式推进农技推广服务外包，以试点农业工作站方式替代农技推广站，实行市场资格准入制度，强化农业知识电子平台，打造多轨运行的农机推广体系。袁伟民等（2017）认为，应从国家层面、省级层面和基层层面设立垂直型农业技术推广体系，规避推广机构定位不清、组织管理双重性等问题。与此同时，基层农技推广建设工作也是保证农业技术推广体系建设的基础。在多经济成分、多渠道、多形式、多层次的农业技术推广服务体系建设的基础上，引导县、乡、村进行必要分工，逐步形成横向与纵向相结合的农业技术推广服务体系（高启杰等，2005），加强对基层农技推广队伍投入比重（智华勇等，2007），改革现行人事制度，打造稳定的基层政府农技推广队伍（胡瑞法等，2018），提高基层农技推广队伍素质（周青，2009），落实基层农业科技特派员工作制度（李金龙等，2015），从基层推广队伍建设、推广组织创新和制度创新，进而推进农业技术推广体制改革（邱小强，2010）。与此同时，部分学者也对我国各地区农业技术推广体系进行了探究（张萍，2003；刘健，2005；余璐，2005；耿传刚，2007；纪韬，2009；何建南，2012；符瑶影，2012；王宇钢，2013；谢培山，2013；张浩然，2013；陈诗波，2014）。

（二）关于农业技术推广机制的相关研究

农业技术推广机制是农业技术推广体系有效运行的关键。农业技术推广机制存在较多问题（孔令友，1993），市场经济条件下主要分为农业"私人技术""公共技术""半公共技术"三类农业技术推广运作机制（周衍萍等，1997）。基于此，建立适应市场经济体系的创新型农业技术推广机制（黎昌礼等，2003），推动政府主导的农业技术推广体系改革，构建多层次、多元化的推广系统，创新基层农业技术推广机制（赵佳荣，2004），在公益推广主体多元化基础上构建政府与市场并重的推广机制（吴春梅，2003）。关于基层农业技术推广机制研究方面，现有推广机制还存在推广发展阶段的组织建设和经费状况等问题（边全乐，2006），基层农业科技推广体系运行机制存在经费保障缺乏、推广队伍落后、推广不适应需求、缺乏良性自我发展、体系内部缺乏协调统一、缺乏有效考核竞争、农技推广支撑体系不完善等现实（曾福生，2006），郑红维等（2011）基于基层农业技术推广体系存在的现实性问题，有针对性地提出创新推广运行机制的对策建议。现实中，现有研究成果在研究视角、方法和内容上存在一定不足，落实农业技术推广新机制意义重大。鉴于此，必须依据农户需求构建农业技术推广新机制（胡瑞法等，2006），加强农业技术供给与需求联动机制方面的工作创新（袁方，2011），加强对农户关于农技信息和使用培训力度，提高技术认知能力，重视不同类型农户的需求和信息反馈，提高农户实际需求与推广技术的契合度，提供产前、产中及产后等多元化技术供给模式，提高农民和农技推广人员的教育水平和素质（焦源等，2015），构建供求契合型农业技术推广机制（赵玉姝等，2013）。农业技术推广机制改革势在必行，通过构建需求导向型激励机制和责任机制，建设技术需求反馈机制和农民满意度考评机制，统筹基层协调推广工作，提高农业技术推广队伍的整体水平（黄季焜等，2009），同时加强政策支持、强化人员培训、提高农技人员素质、建立农业技术推广新型队伍（刘春雷，2011），推进基层农业技术推广人员同对接农户的关系（廖西元等，2012）。部分学者还对多元化农业技术推广机制进行了研究。陆华忠等（2001）挖掘了农业院校在人才培养、科技研发、成果转化工作中存在的难题，张社梅等（2013）研究发现，科研高校在保证农业大学公益性推广工作的基础上，推动公益性推广、服务平台构建、专业人才培育和推广手段提升等工作协同发展，挖掘农业大学科技成果转化与推广潜力，同时充分发挥农业专业技术协会（张克云等，2005）、农业科技产业园（王力刚，2014）、农业合作经济组织（李中华等，2009）等推广主体的作用，创新不同推广主体的推广机制，建立"以县级农业技术推广机构为龙头、乡镇农业技术推广机构为骨干、民间服务组织为补充"的农业技术推广网络体系（孙秀莲，2013）。部分学者还通过借鉴国外农业技术推广机制新经验，结合我国农业技术推广运行机制现状提出相关对策建议（李文河等，2007；丁自立等，2011；赵文等，2014；李荣等，2014；朱艳菊，2015；陈生斗等，2015）。

（三）关于农业技术扩散的相关研究

农业技术扩散是以农业技术推广供给主体为研究中心，国内研究成果主要集中在扩散模式、扩散机制和影响因素三个方面。

（1）关于扩散模式的研究。刘佛翔等（1999）将农业技术扩散模式分为政府主导型和农户需求型两类，前者是政府引导农民使用农业技术成果，后者则是农民依照生产需要选择适合的农业技术。在此基础上，邵喜武（2013）将农业技术扩散类型细化为政府主导型、农业产业化龙头企业主导型、农民合作经济组织主导型、科研院校主导型和农业生产资料公司主导型五类技术扩散模式，这为"一主多元"农业技术推广体系研究奠定了基础。国亮等（2014）认为，技术扩散工作必须由政府主导并参与其中，提出了"政府＋专家＋农户""政府＋龙头企业＋专家＋农户""政府＋协议＋农户"三种"政府主导型"技术扩散模式。李菁等（2009）将农业龙头企业的农技扩散模式分为"龙头企业＋农户""龙头企业＋基地＋农户""龙头企业＋基地＋农业工人""龙头企业＋科研机构＋基地＋农户/农业工人""龙头企业＋中/小企业＋农户""龙头企业＋合作经济组织/协会＋农户"六类；李霞等（2015）对以农业经济合作组织为核心的农技扩散模式进行了探究，该模式充分以农户需求为基础，科研机构积极参与其中，发挥合作组织内部资源优势，建立以"合作组织"为核心的扩散网络；陈志英等（2013）认为，农业科研院校的农技模式具体分为"农业专家在线型""合作共建型"和"科技帮扶型"三种模式，发挥农业科研院校最大作用；徐萍等（2005）研究发现，"农资连锁"模式逐渐成为农业技术扩散的新模式，该模式具有节省投入成本、加快物化形态、加快扩散速度等特点；于正松等（2018）认为，以农业科技园为核心的农技扩散模式，具有扩散主体明确化、高互动反馈性、强区域适应性等方面优势。

（2）关于扩散机制的相关研究。庞洪伟（2010）对农业技术扩散机制的变迁、存在问题及制约因素进行了分析，总结了农业技术供给主体、农业技术和农业技术需求主体三者的关系；韩园园等（2014）认为，农业技术扩散受到政府推动、市场牵引和技术诱导等多元因素共同作用。与此同时，袁凤歧（2011）研究发现，政府推动、技术需求和成本制度是技术扩散的动力机制，价格补贴是技术扩散的激励，中介组织是技术扩散的传导；李同升等（2008）对农业科技园技术扩散机制与模式进行了研究，发现农业技术扩散包括就近扩散、跳跃式扩散和等级扩散三种类型，并依据实际生产需要，对农业技术经营模式、农民协会模式、农业展会模式、农民培训模式和综合服务型模式的优势与特点进行了分析；苗园园（2015）认为，农业科技园区技术扩散的外在动力是政府主导作用，内在动力来源于市场的引导，依托政府和市场的相互作用实现技术供求平衡是农业技术扩散的关键；结合国外农业技术扩散相关研究，赵文哲（2007）认为，农业国际化是农业技术国际扩散的外部条件，农业技术自身国际化是农业技术国际扩散的内部动力，农业技术创新的过程是农业技术国际扩散的驱动机制，科技人员的创新是农业技术国际扩散的激励机制，这对我国农业技术推广体系研究具有较强的指导意义。

（3）关于影响因素的研究。农业技术扩散相关影响因素的研究成果比较丰富，大多数研究都基于区域范围内某项农业技术的扩散情况，探析影响该技术扩散的相关因素。大部分研究发现，农民自身的素质水平是影响农业技术扩散的主要影响因素。刘辉等（2006）认为，农民自身素质也可称为人文条件，具体包括农民的性格、年龄、经历、文化程度、求知欲望、知识学习和交流能力等，区域内的自然条件、历史基础、区域政治和市场机制等因素也是影响农技推广的关键。刘笑明（2006）研究发现，基础设施状况、农业生产规模及专业化程度、农业技术市场的发展情况和政府机构的推广程度等会影响农业技术扩散。有些学者对此进行了补充，如交通区位条件（李普峰，2014；李楠楠，2014）、技术获利性（宋海燕，2012）、技术资金投入程度（孟会琼等，2015）、技术扩散渠道（樊军亮等，2015）和社会网络的技术支持（旷浩源，2012）等社会因素对技术扩散也产生一定影响，胡志丹等（2011）将上述技术同制度技术、组织技术等归纳为社会技术，对农业技术创新与扩散产生重要作用。除此之外，调研还发现农户参与技术培训意愿（周波等，2014）、农业风险程度（艾路明，1998）、社会规范引导（谢芳，2015）、大户技术示范和劳动力专利程度等（刘丹，2015）及农户经营因素（王健等，2014）也是影响农业技术扩散的重要因素。

（四）关于农业技术采纳的相关研究

农业技术扩散是以农业技术推广供给主体为研究中心，国内研究成果主要集中在不同农业技术采纳的相关影响因素研究方面。农业技术农户采纳分为认知、说服、决策、实施和确定五个阶段，受个体差异、社会文化相容性和人际网络中观念领导力量影响（朱希刚，1995）。更多的学者运用计量方法对技术影响因素进行测度，新技术的准入机制和机会成本共同影响农户的技术采纳行为（孔祥智，2004），而农技推广工作必须依据农户个人禀赋和家庭禀赋制定相关发展对策（方松海，2005）。随着农业技术推广工作的深入开展，基于农户禀赋的技术采纳研究成果不断增加，如王宏杰（2011）基于4省548个样本研究发现，农户所在地区、户主文化程度、家庭距市场距离和附近公路等级等因素对家庭收入影响显著；国亮等（2011）研究发现，农户的年龄和文化程度对技术采纳影响显著；黄彦等（2012）基于福建省三明市158个农户研究发现，农户的年龄、受教育程度、劳动力比例、距县城距离、家庭收入主要来源、家庭拥有通信设备种类和信息获取渠道是影响农户技术采纳的主要因素；陈琛等（2013）基于北京农户禀赋研究发现，年龄、受教育程度、务农时间等因素对有机技术采纳影响作用较大；刘子飞等（2014）基于云南1102名农户研究发现，农户文化程度、家庭人均收入及生产现实等要素对农户的技术采纳行为影响较为显著；温继文等（2014）利用技术接受模型对高禀赋和低禀赋农户的技术采纳行为进行了研究，研究表明低禀赋农户更易受可试性、感知易用性和成本的影响，而主观规范、网络外部性和感知有用性对不同禀赋农户影响不大；石洪景（2014）基于我国台湾地区328名农业户的技术采纳行为进行了实证分析，研究发现性别、文化程度、是否参加农业经济合作组织、家庭位置、家庭劳动力、家庭平均年收入和农业收入占总收入比重对农户台湾农业技术采用行为产生显著影响。与此同时，对农业技术采纳的研究还向其他禀赋方向扩展，如蔡健（2013）从不同资本禀赋下资金借贷视角对农业技术采纳行为进行了探究，发现流动性约束对高资本禀赋农户技术采纳行为影响作用较小，而对中低资本禀赋农户的技术采纳行为具有一定的刺激作用。部分学者对不同类型技术采纳的影响因素进行了研究，如政府政策（刘宇，2009）、农户采用新品种技术、农药使用技术和农产品加工技术（唐博文等，2010）、农户直觉易用性与有用性及其技术特征和技术采纳条件（李后建，2012）、农户认知、科技示范、农技推广服务、信贷可获得性和农田水利基础设施（米松华等，2014）、环保意识、风险偏好类型（储成兵等，2014）、农户绩效期望、努力期望、促进因素（高杨等，2016）、受教育程度、家庭劳动力数量及兼业化程度（姚科艳等，2018）等因素对农户技术采纳具有正向作用。

（五）关于水产技术推广体系的相关研究

我国水产技术推广体系研究起步相对较晚，但水产技术推广体系存在推广机制落后、基层推广机构缺乏保障资金、推广队伍素质不高等问题，严重困扰着"一主多元"水产技术推广体系的发展（陈平南，2013）。张继平（2004）基于"三农"视角阐述了健全水产技术推广体系对实现渔业发展、渔民增收和渔村经济发展的重要性，提出加强水产科技示范培训、产业信息化建设与服务的必要性。传统意义上的我国水产技术推广工作难以适应社会主义市场经济发展，不健全的推广组织难以形成推广网络，推广体系缺乏有效的运行机制（杨坚，1993）。与此同时，基层水产技术机构的运转存在"有钱养兵无钱打仗"的问题，虽然国家不断加大水产技术经费投入，但乡镇一级基本没有得到资金支持，基层水产技术推广人员的工资普遍低于同级其他事业单位，水产技术推广队伍数量、技术人员比例、学历和职称等影响着推广工作的进行（孙岩，2013）。比较而言，针对水产技术推广体系的全国性研究缺乏一定深度，研究主要集中在全国部分地区或基层地区。现实中，政府缺乏对水产技术推广工作的重视，从而难以保障公益性推广职能的发挥，政府机构改革和农村税费改革后的推广机构设置也存在较大差距，推广体系管理混乱严重影响了推广职能的有效发挥，缺乏制约推广经费的推广工作的有效发展，落后的推广服务手段无法实现科技成果的有效转化（李宁玉，2013）。地市级水产技术推广体系对连接省级水产技术推广站和基层水产技术推广站起着纽带作用，随着水产技术推广体系改革的推进，"一主多元"的水产技术推广体系初步成型，市、区两级的推广职能不断强化，虽然乡镇级水产技术推广取得了阶段性成果，但传统性问题仍阻碍着水产技术推广体系的有序发展（李瑞艳等，2014）。基层水产技术推广体系是水产技术推广体系的基础，但保障不足导致水产技术推广体系建设距离"五有站"要求仍存在较大的差距（孙岩等，2012），总体上，问题集中于创新推广体制不强（魏宝振，2007）、公益性职能难发挥（李洪进，2011）、管理体制不健全（沙正月等，2012）、基础设施相对落后（吕永辉等，2014）、推广方式简单陈旧（张金龙，2015）、基层推广保障力度不足（赵文云等，2013）、推广人才和渔民素质不高、推广经费缺口大且不稳、推广观念和手段比较落后（肖健，2017）等方面。与此同时，渔民整体素质不高和水产技术需求多样化的特点也是我国水产技术推广体系改革的又一工作重点（焦源等，2013）。水产技术推广体系改革是我国渔业健康发展的保证，加强水产技术推广体系建设、推进水产技术推广体系改革具有重要的现实意义。

蒋高中等（2007）认为，通过加强水产技术推广机构建设、强化推广机构公益性职能、增强推广服务手段加快科技成果转化，构建适合不同渔户需求的推广方法，有利于提高水产整体推广水平。在此基础上加强信息化公共服务建设（牛曼丽，2014），培育社会化与多元化的渔业服务组织参与其中（邹立秋，2015），贯彻《农业技术推广法》，借鉴国外先进推广经验（金炜博，2015），发挥水产技术推广网络的绝对优势（魏宝振，2006），提高水产技术推广效率（金炜博，2018），保证水产技术推广体系工作顺利开展。

综上所述，国内学者关于农业技术推广体系的研究成果相对成熟，而关于水产技术推广体系的研究成果相对较少。随着农业现代化进程的加快，建立以政府为主导、市场为导向的需求导向型"一主多元"农业技术推广体系是当前农业技术推广体系研究的重点，对区别公益性推广与经营性推广的研究相对较少，依据农户禀赋与影响技术采纳的相关因素，加强基层技术推广也是农业技术推广研究的重点，这也为我国水产技术推广体系的进一步研究提供了较好的借鉴与启发。

第三节 研究思路及方法

一、研究思路

本书试图以供求契合度理论、技术创新扩散理论、技术成果转化理论、农民行为改变理论和系统优化理论为指导，借鉴国内外相关学者的研究方法，结合我国水产技术推广体系建设发展的现实，对全国水产技术推广综合效率进行测度。在此基础上，选取调研地区，通过发放问卷的形式调查水产技术种类、推广主体和推广方式的技术供求现实，运用供求契合度模型测度水产技术供求契合水平，通过评价水产技术供求契合关系总结水产技术推广体系存在的问题，在借鉴国外水产技术推广经验的基础上，根据供求契合视角下水产技术推广体系优化的目标与方案，总结供求契合视角下水产技术推广体系优化的具体对策。主要研究思路如下：

第一章为绪论。明确本研究的研究背景和研究意义，梳理归纳国内外学者关于技术推广体系建设的相关进程，总结本研究涉及的数理模型和方法，明确研究思路和文章架构。

第二章为基本概念与理论基础。主要对水产技术、技术推广机制和优化等基本概念进行阐述，通过总结供求契合视角下水产技术推广的相关理论，有针对性地为本研究提供相应的理论指导。

第三章为我国水产技术推广体系现状分析。在总结我国水产技术研发现状的基础上，明确水产科研机构、科研队伍和研发成果的变化发展，在探究我国水产技术推广体系中推广机构、推广队伍、推广经费和教育培训的基础上对水产技术推广运行机制进行分析。

第四章为我国沿海地区水产技术推广效率分析。在我国水产技术推广机制分析的基础上，确定相应指标，运用三阶段 DEA 模型对我国沿海地区水产技术推广效率进行测度。随后，采用 Malmquist-DEA 模型对我国沿海地区水产技术推广效率与全要素生产率进行进一步测算，明晰当前水产技术推广体系的推广水平与产出效率水平，以期为样本地区供求契合水平测度奠定基础。

第五章为我国沿海地区水产技术供求契合度分析。本章通过选取具有代表性的地区，以实际调研方式掌握水产技术供给和需求特征，通过构建供求契合度模型，以捕捞渔户、养殖小户、养殖中户和养殖大户为代表，对水产技术种类、水产技术推广主体和水产技术推广方式的供求契合关系进行实证分析，明晰水产技术供给与需求之间的关系，测度水产技术有效供给与有效需求之间的契合关系，探究水产技术推广契合工作存在的问题。

第六章为我国沿海地区水产技术供求契合关系评价。针对水产技术供求契合度计算的结果，对水产技术供求契合关系进行评价。在此基础上，从水产技术推广机构、水产技术推广队伍、水产技术推广经费、水产技术协同推广机制和水产技术推广立法等方面，总结供求契合视角下水产技术推广体系存在的问题，以期为优化供求契合视角下水产技术推广体系提供参考。

第七章为国外水产技术推广体系建设经验与启示。通过分析美国"三位一体型"、日本"协同推广型"和韩国"政府主导型"的水产技术推广体系建设现状进行分析，总结不同类型水产技术推广的特点。针对各类水产技术推广体系建设与发展的优势，针对供求契合视角下水产技术推广体系建设现状，总结我国沿海地区水产技术推广机制建设的启示，为优化我国沿海地区水产技术推广体系提供借鉴。

第八章为我国沿海地区水产技术推广体系优化分析。针对我国沿海地区水产技术推广体系发展及技术供求契合存在的问题，提出供求契合视角下我国沿海地区水产技术推广体系优化的具体目标，通过制定水产技术推广体系优化方案，提出相关对策。

第九章为研究结论与展望。总结本研究的主要结论、不足之处以及进一步的研究方向。

二、技术路线

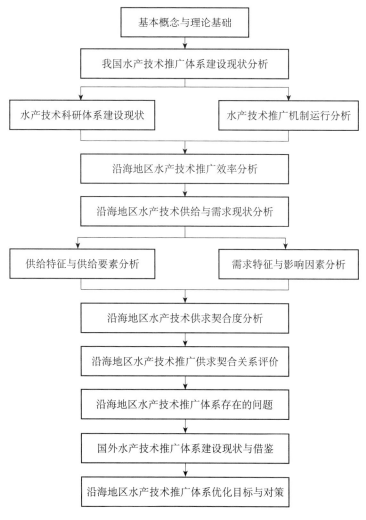

图 1-1　技术路线

三、主要研究方法

(一) 调研法

为保证研究资料和数据的准确与真实，本书将采用实地调研、深度访谈、网上搜索、电话咨询、购买统计资料、发放调查问卷等多种方式，对水产技术推广供给现状与需求现状进行信息搜集。实践中，共对山东省青岛市5区3市共计16个乡镇街道的渔户进行实地走访调研，实地测度本地区水产技术供求契合水平。

（二）文献研究法

通过对大量参考文献的认真梳理与归纳，对国内外关于农业技术推广体系的相关研究进行把握。主要从推广体系、推广方式、推广机制、技术采纳和技术扩散等方面对现有研究成果进行总结，在此基础上，分析供求契合视角下水产技术推广体系发展情况。

（三）分类别列联表分析法

通过对我国水产技术推广体系的分析，从水产技术供给视角对水产技术推广内容、推广方式和推广主体等方面分析水产技术供求特征，从水产技术需求方视角对水产技术种类、推广主体和推广方式等方面分析水产技术需求特征，利用分类别列联表分析法探究水产技术供求的现实发展情况。

（四）实证研究法

通过选取《中国渔业统计年鉴》《中国农业统计年鉴》等统计资料的宏观数据，运用将三阶段数据包络模型和Malmquist-DEA模型相结合对我国沿海地区水产技术推广效率进行测度，在此基础上，结合调研所得水产技术供求微观数据，通过建立供求契合度模型对水产技术供求契合水平进行测算。针对存在的问题，以期为水产技术推广体系优化提供参考。

（五）经验总结法

针对世界较为成熟的水产技术推广体系，分别对美国"三位一体型"水产技术推广体系、日本"协同型"水产技术推广体系和韩国"政府主导型"水产技术推广体系的建设情况进行总结，对比我国水产技术推广体系建设存在的不足，归纳适合我国水产技术推广体系建设与发展的相关经验。

（六）系统分析法

从静态分析和动态演进，从主观总结到客观评价，从微观调查与宏观评述等方面系统分析了供求契合视角下水产技术推广体系优化的目的、方案和对策，以期通过提高水产技术供求契合水平来提高我国水产技术推广体系的推广效率水平。

第四节　本书创新点

第一，基于供求契合度理论，运用供求契合度模型对水产技术供求契合关系进行探究。运用供求契合度理论，对样本地区捕捞渔户、养殖小户、养殖中户和养殖大户水产技术推广内容、推广主体和推广方式的有效供给和有效需求情况进行了测算，通过运用供求契合度模型，对异质性渔户水产技术推广内容、推广主体和推广方式的供求契合水平进行了探究，基于供给主体与需求主体视角，明晰当前水产技术推广工作中存在的不足，以期为水产技术推广体系优化提供建议。

第二，通过测算我国沿海各地区水产技术推广效率，探究我国沿海地区水产技术供给的影响因素。依据我国各地区渔业发展现实，对我国沿海地区水产技术推广体系的投入产出量与环境变量进行操作化处理，采用三阶段数据包络模型和Malmquist-DEA 模型相结合的方法体系对我国沿海地区水产技术推广效率进行测度，通过技术效率测度方法的改进，保证各地区水产技术推广效率的客观性。根据水产技术推广效率不平衡影响水产技术供给的现实，总结影响水产技术供给的影响因素，为探究我国沿海地区水产技术供求契合关系奠定基础。

第三，针对水产技术供求契合存在的问题，提出优化水产技术推广体系的目标、方案与对策。通过分析水产技术供求契合关系，总结供求契合视角下水产技术推广体系存在的问题，并通过借鉴国外水产技术推广体系建设的经验与启示，提出水产技术推广体系优化的目标，通过"一主多元""多方联动""完善法规"等推广体系优化方案的制定，提出水产技术推广体系优化的具体对策。

第二章 基本概念与理论基础

第一节 基本概念

一、水产业

水产，具体是指海洋、江河、湖泊里出产的动物或藻类等的统称，一般指有经济价值的，如各种鱼、虾、蟹、贝、海带、石花菜等。本书中提到的"水产"一词是指渔业，《现代汉语词典》对其解释如下：捕捞或养殖各种水生动植物的生产事业，有时还包括水生动植物的加工、运输业。其中，水产捕捞业是指人们利用渔业船舶和渔具等生产工具采集、捕获、捕捉野生水生植物和动物资源，从而获得初级水产品的生产事业；水产养殖业是人们利用水体以及各种渔业设施，采取人工繁育和放养苗种、改良环境、清除敌害、施肥培养天然饵料、投喂饲料及饵料、调控水质、防止病害等生产措施，促进养殖的渔业生物健康繁育和生长，最终获得养殖水产品的生产事业。广义的渔业还包括产前部门、产后部门和辅助部门三部分，三者共同构成统一的渔业生产体系。现代渔业是指以提高渔业生产要素产出率和综合效益为目标，以现代科学技术、现代工业装备、现代管理方法、现代经营理念为支撑，以市场机制和政府调控下的产业化经营为纽带，产供销一体化，渔工贸相结合的多功能渔业产业体系（张显良，2011）。

渔业作为资源和劳动密集型产业，具有较强的地域性，同时也具备农业和工业的二重属性，其生产具有高投入性和高风险性，其产品具有较强的季节性和流动性（刘新山，2010）。现实中，渔业资源受气候、渔业环境、人类活动的影响显著，进而导致渔业发展受渔业资源自律更新性制约较强，渔业发展受水产品易腐性、渔业资源无主性和水域质量差异性制约较强（陈戈，2013）。当前，我国渔业发展呈现以下新特征：水产养殖业快速发展，产业结构不断优化；渔业资源和生态保护力度不断加大，产业素质显著提升；渔业国际化程度不断提高，远洋渔业稳步发展；水产品贸易持续增长，国际市场呈多元化发展；水产品储藏和加工业呈快速发展态势。

二、水产技术

"技术"一词源于希腊，最初是指技能、技巧，亚里士多德认为，技术是和人们实践活动相联系并在活动中体现出来的技能。当前，技术的内涵有广义和狭义之分。狭义的技术主要包含劳动工具、劳动技能、制作技巧等；广义的技术是一种复杂的社会现象，也是人类的一种特殊的实践活动方式，它是人类为提高社会实践活动的效率和效果而积累、创造并在实践中运用的各种物质手段、工艺程序、操作方法、技能技巧和相应知识的综合。《现代汉语词典》则把技术定义为"人类在认识自然和利用自然的过程中积累起来并在生产劳动中体现出来的经验和知识，也泛指其他操作方面的技巧"。现实中，技术是否成功使用取决于七个方面：功能的实现效果、技术的获取成本、易于学习使用、技术的使用成本、技术的可靠性、技术的使用范围和技术的兼容性。技术的发展主要分为四个时期，导入阶段、生长阶段、成熟阶段和停滞阶段。导入阶段是新技术自诞生后最初引入市场的阶段；生长阶段是指新技术经历导入期后赢得市场认同并被市场相继使用的阶段；成熟阶段是指新技术历经导入期和生长期之后赢得社会广泛认可并被广大用户所采用的时期；停滞阶段是指新技术经历了前三个阶段后其技术优越性逐步消失，新技术成为"常规技术"。

水产技术是指人类在涉及水产的生产生活中积累起来并在生产劳动中体现出来的经验、知识及操作方面的技巧，其主要分为四类，水产捕捞技术、水产养殖技术、水产品加工技术和渔业经济管理。其中，水产捕捞技术依照渔具属性主要分为拖网捕鱼技术、围网捕鱼技术、刺网捕鱼技术和钓具捕鱼技术等；水产养殖技术按照水产品属性主要分为鱼类网箱养殖技术、对虾池塘养殖技术、贝类滩涂养殖技术和藻类水池养殖技术等；水产品加工技术则分为鱼糜制品加工技术、发酵水产制品加工技术、鱼类罐藏制品加工技术、水产调味干制品加工技术、水产品保鲜加工技术和虾蟹贝蛰藻加工技术等；渔业经济管理主要分为五类，水产品质量管理、水产品流通管理、渔业生产劳动力管理、渔业生产资金管理和渔业经济体制管理。

三、水产技术推广体系

水产技术推广的内涵同农业技术推广的含义密切相关，具有广义和狭义之分。狭义的水产技术推广主要是指水产技术推广人员把水产科研院所的水产科技成果及国内外引进的新品种、新技术、新方法等以科学的方式介绍给渔民，促使渔民获得和应用渔业的新知识与新技能，从而实现提高产量、提高质量，进而增加渔民收入的社会活动，又称水产推广。广义的水产技术推广是指建立在水产技术推广基础上教育渔民、组织渔民、培养渔民及改善渔民生活质量等方面社会活动，具体包括指导成年渔民的渔业生产、渔户中妇女的家政指导和渔村青年的教育。从两者的关系来看，水产推广已开始从狭隘的"水产技术推广"延伸为"渔村教育与咨询服务"。随着渔民素质和渔村发展水平不断提高，广大渔民不再满足于生产技术和经营技术的指导，对科技、管理、市场、金融、家政、法律、社会等方面的信息及咨询服务的需求日益增加，与此同时，水产品产量大幅增长，如何提高水产品质量问题成为现代渔业发展面临的重要问题。在此背景下，学术界提出了现代水产技术推广的内涵，具体是指旨在开发渔村人力资源的渔村教育和咨询服务的工作。比较而言，狭义的水产技术推广以"技术指导"为主，广义的水产技术推广以"教育"为主，现代水产技术推广则以"咨询"为主。

水产技术推广体系，是从事水产技术推广工作的推广组织和机构及其相互关系的总称。水产技术推广体系基于不同视角，可以大致分为政府主导型水产技术推广体系和非政府主导型水产技术推广体系，而非政府主导型水产技术推广体系，又具体分为科研机构主导型推广体系、商品专业化推广体系、协会主导型推广体系和私人主导型推广体系。当前，我国水产技术推广体系是以政府推广部门为主导，多机构协同推广的"政府主导型"水产技术推广体系。

四、优化

优化，指加以改变或选择使其优良，即为了某人或者某事物通过调整使其不断提高整体工作效率的过程。系统优化指在系统分析的基础上，针对系统要素之间的相互联系及要素与系统之间的关系以整体为主进行协调，局部服从整体，进而追求整体优化效应。

第二节　理论基础

一、供求契合度理论

一种商品的供给数量由多个因素决定，不同因素对供给的影响不同。商品的价格、生产技术水平、相关产品价格及生产者对未来的预期都同供给呈正相关关系，而生产成本同供给呈负相关关系。基于此，经济学中提出了供给函数的相关概念，即表示一种商品的供给量和该商品价格之间存在着一一对应的关系。经济学家认为，供给定理是指在其他条件不变时，一种商品价格上升导致该物品供给量增加；另一种商品价格的下降，导致该物品供应量的减少。

一种商品的需求数量由多个因素决定，各个因素对需求的影响方式不同。商品的价格同商品需求量呈正相关关系，而消费者收入水平、相关商品的价格、消费者的偏好和消费者对该商品的预期价格同商品需求量呈负相关关系。在此基础上，经济学中提出需求函数的概念，即表示一种商品的需求数量和影响此类需求数量各因素之间的相互关系。经济学家认为，需求定理是指在其他条件不变时，一种商品价格上升，导致该商品需求量减少；另一种商品价格下降，对该商品的需求量增加。

供求定理是指任何一个商品价格的调整都会使该商品的供给与需求达到平衡。具体而言，是指在其他条件不变的情况下，需求变动分别引起均衡价格和均衡数量的同方向变动；供给变动引起均衡价格的反方向的变动，引起均衡数量的同方向的变动。供求定理对研究渔业经济运行机制理论有着极其重要的作用。马克思对供给与需求之间的辩证关系进行了系统的描述，他认为，供求关系是商品经济的基本关系，一个问题的供给与需求是该问题的两个方面，它们都随着生产而出现，处于彼此对立角度难以将其明确划分，供给和需求在实际中由"社会必要劳动时间"而紧密联系在一起，两者的关系对决定价格波动具有重要的影响，具有极强的社会属性和阶级属性。

供给与需求的关系可以用"契合"来概括，即存在"供求契合"与"供求不契合"两种状态。契合，是指一种整体适合的程度或相互平衡的状态。鉴于此，供给与需求的契合程度可称为"供求契合度"，其主要是指供给方提供的产品同需求方的现实诉求之间相互匹配的程度。供求契合度具体分为两类：不同研究视角下的契合和不同融合方式下的契合。

（一）不同研究视角下的契合

不同研究视角下的契合主要分为"以价值为中心的契合"与"以目标为中心的契合"两类。第一，价值中心型契合。价值契合对影响供求契合作用显著，价值是人类对自我本质维系与发展的本体，具体包含各类物质形态。当供给方提供的产品价值越贴合需求方的需求，供求契合的水平就越高；反之，契合水平越低。第二，目标中心型契合。需求方选择产品的最主要原因是供给方提供的产品符合两者相似或共同的目标。当供求双方的目标相似性越高，供求契合水平越高，有利于需求方了解并选择供给方提供的产品，最终实现供求主体的高度契合。

（二）不同融合方式下的契合

不同融合方式下的契合具体分为契合"一致性""互补性""整体性"三类。第一，契合一致性。影响供求契合的因素多种多样，供给方主要重点考虑需求方的需求价值、目标、偏好及其宗教信仰等因素，而需求方会对供给方提供产品的价值、发展目标及服务等因素予以考虑。在供求双方考察目标具有较高程度一致时，两者的供求契合关系达到高水平契合状态。第二，契合互补性。供给方具有为需求方提供产品或服务的能力，需求方可以获得供给方提供的必要支持，此状态即为互补性契合。第三，契合整体性。契合整体性是基本特征相似的供求双方呈现出相互匹配的状态，该类契合具体表现为至少有一方能为另一方提供有效产品或服务，两者具备相同或相似的基本特征。

综上而言，本研究将以上述理论为基础，通过六个方面进行研究：需求方的需求价值以自身特点看待产品价值，即由需求方自身属性决定；需求方的需求价值是需求者获得总收益减去所获产品或服务的成本；需求方的需求价值是影响供给方产品或服务价值变化的重点；需求价值在于需求方目标满足的实现，供给方应以需求方为主导，深度探究需求方切实需求，实现供求高度契合；产品的属性效应同需求越重叠，供求契合水平越好，需求方得以满足，有效降低供给方资源浪费。水产技术供求契合问题是水产技术推广体系优化的关键，只有把握水产技术推广机构同异质性渔户之间的供求关系，才能更有针对性地调整水产技术推广工作的方式与方法，实现水产技术推广机制健康运行，提高水产技术推广效率，有利于提高渔业产量与渔民收入。

二、技术创新扩散理论

创新理论最早由约瑟夫·熊彼特（1912）提出，他认为创新是指建立一种新的生产函数，即把一种从未有过的关于生产要素和生产条件的"新组合"引入生产体系以获得"超额利润"的过程（邵喜武，2013）。创新是一种被某个特定的采用个体或群体主观上视为新的东西，它可以是新技术、新的产品或设备，也可以是新的思想或新方法。在技术推广领域，有助于解决推广对象在特定时间、地点与环境下生产与生活中所面临的问题，满足推广对象的需要。农业创新是指应用于农业领域内各方面的成果、技术、知识、信息等对采用者而言是新事物的统称。农业创新不完全是客观上的新事物，只有农业技术采纳者认定的知识、信息、实用技术，才能解决生产与生活问题，在主观上技术采纳者认为，技术是新的且对其适用，这就是农业的创新。农业创新同其他领域的创新相比具备五个特征：农业技术创新的长期性；农产品在完全竞争市场条件下的农户分散经营致使创新主体的动力相对不足；农业技术的区域性特征明显；农业技术应用的效益时间相对滞后；农业技术准公共品性质的公益性特征明显（刘剑飞，2012）。农业创新的采用过程主要分为三个方面，农业创新的采用、创新采用者的分类及分布规律、不同采用者在采用过程中各阶段的差异规律等。农业创新的采用是指农民从获得新的创新信息到最终在生产实践中采用的一种心理、行为的变化过程。农民在采用创新的过程中，经过认识、感兴趣、评价、试用和采用（或放弃）五个阶段，在认识和兴趣阶段实现的是知识层面的变化，在试验和采纳阶段实现的是行为层面的变化。现实中，农业推广人员应知道在特定的创新采用阶段需要采用的推广策略，即根据创新采用阶段选择特定的推广沟通渠道，以达到预期的创新扩散效果，与此同时，农民根据自己的需求而采用某项创新时不会都经过以上五个阶段。对于不同的农民，即使对同一项创新开始采用的时间有先有后，根据某社会系统成员采纳某项创新的时间不同，可将创新采用者划分为创新先驱者、早期采用者、早期多数、晚期多数和落后者五类。创新先驱者是指首先采用某项带有风险创新的少数人，其在承担高风险的同时也拥有获得优先受益的机会，该群体需建立创新激励机制，激发其创新采用热情；早期采用者是指紧跟创新先驱者之后采用创新的农民，其对创新态度积极主动，但态度谨慎，该群体给予适当的干预措施，从而实现采用行为的发生。创新采用过程是有阶段性的，不同采用者对某项创新的采用在不同阶段其心理、行为表现有较大差异。研究发现，第一，创新先驱者和早期采用者从认识到实践所花时间最少，之后试用的农民从认识到试种的时间逐渐增加，落后者所用时间最长；第二，创新先驱者和早期采用者从试用到全部采用要花费比其他采用者长的时间，而后期采用者虽起步晚，但从试用到全部采用所需时间较短。农业创新采用过程具有阶段性，农业推广者在推广创新时，要把握采用过程的阶段性和采用者的差异性两个特点，选用适当的推广方法开展推广活动，具体分为未曾推广过的创新和曾经推广过的创新两部分；在采用过程的不同阶段要选择不同的推广方法，其阶段主要分为认识、感兴趣、评价、试用和采用五个阶段；由于各地区生产条件不同，气候条件差异，在推广创新时应因地制宜灵活地应用各种推广方法。

创新的扩散是指某项创新在一定的时间内，通过一定的渠道，在某一社会系统的成员之间被传播的过程。把握农业创新的扩散规律有利于更好地提高农业技术推广效率。创新的扩散不仅涉及人员之间的扩散，也包含地区之间的扩散。农业创新的扩散过程是指在一个农业社会系统内或社区内人与人之间创新采用行为的传播。农业创新扩散的过程也可以理解为农民对某些创新的心理与行为的变化，是"动力"与"阻力"相互作用的过程，当动力大于阻力时，创新就会呈规律性扩散，一般经历突破、紧要、跟随和从众四个阶段，每项具体的创新扩散过程除基本遵循上述扩散规律之外，还有各自本身的扩散特点，不同扩散阶段与不同采用者之间的关系也不断变化。现实中，农业创新的扩散方式也是多种多样的，根据不同发展历史阶段、生产力水平和社会经济条件的不同尤其是农业传播手段的不同，其扩散表现为传习式、接力式、波浪式和跳跃式四种。在农业推广学中，每项农业创新的扩散过程都呈现有规律的"抛物线"扩散，其所揭示的规律成为"抛物线扩散理论"。

扩散理论包括创新扩散周期内的阶段性规律、创新时效性规律及新旧创新的交替性规律。农业科技发展具有时间无限性，但每项具体农业创新成果的生产应用性在时间上是有限的，总体无限和个体有限的统一使农业创新过程呈现周期性，某项具体创新成果的扩散过程就是一个周期。随着农业创新的出现和扩散，采用创新的农民由少到多，当采用某项创新的人数达到高峰后又呈现逐渐衰减。扩散速率曲线可以用正态分布或近似正态分布曲线来表示（见图2-1），具体包括短效型、低效型、早衰型和稳定型四种。随着某一项创新的引进并开始推广，多数人对它不够熟悉或创新使用成本较高，只有少数人采用且扩散较慢；随着试验示范的发展，多数人对技术试用的效果比较满意，采用人数就逐渐增加，扩散速度加快，传播曲线斜率增大；当采用者达到一定数量后，由于创新成果的出现，旧的创新成果逐渐被取代，扩散曲线的斜率逐渐变小，曲线也变得平缓，直到维持在一定水平不再增加。从农业创新扩散速率曲线来看，创新扩散速度前期慢、中期快、后期又慢。

根据扩散曲线中不同时间创新扩散的速率和数量的不同，创新扩散过程具体分为投入、发展、成熟和衰退四个阶段，与之相对应的是试验示范期、发展期、推广期和交替期（见图2-2）。为了确保创新成果的扩散，要保证投入期内获得有效支持，顺利进入发展期，保持推广期，推迟交替期。与此同时，应明确一项创新在农业生产中的推广应用，基础在试验示范期，速度在发展期，效益在推广期，更新在交替期。扩散理论表明创新具有寿命有限性和交替性的特点，因此，要完成一项创新后还要尽快进行新推广，推陈出新并选择适当的"交替点"。

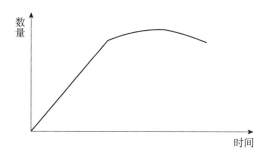

图 2-1　农业创新抛物线形扩散曲线

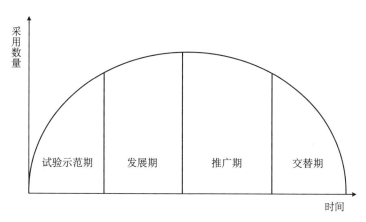

图 2-2　农业推广工作时期变化曲线

目前，我国农业创新扩散采用的策略是进步农民策略，农民之间的不同表现对创新要求的迫切性、事业心或冒险精神各不相同。因此，把握影响农民需求的因素尤为重要。农民需求主要受到社会环境、地区条件、经济条件、生产条件、观点与素质等方面的影响。农民接受创新技术的心态特点也包含相似性、差异性、趋利性、经营形态兼业性、经营活动地理性、思想意识传统性等特点。实践中，农民采用新技术的行为规律包含两点：第一，农民行为水平的高低，取决于农民自身素质的高低；第二，农民对新技术的采用是一个逐步发展提高的过程。因此，农民在目睹新技术示范成果情况下、对某项新技术感兴趣、遇见所信赖的推广者、需要使用该项技术、用综合方法推广技术、推广措施配套等更易于接受农业创新技术。因此，各级政府及有关部门应建立健全社会服务体系，降低农业创新成果的阻力，具体表现为提高农民科技致富意识、强化农村教育培训、改进农业推广方式方法和实行农业推广的系列化服务等。

三、技术成果转化理论

《农业科技成果鉴定办法（试行）》规定，农业科技成果是指在农业各个领域内，通过调查、研究、试验、推广应用，所提出的能够推动农业科学进步，具有明显经济效益、社会效益并通过鉴定或被市场机制所证明的物质、方法或方案。通过一定方式予以认可的方可称为农业科技成果，其具体有先进性、可靠性和审定性三个属性。农业科技成果根据不同角度呈现的划分也不同。从专业管理范围划分来看，可分为种植业、林业、畜牧业和渔业等成果；从成果性质分类来看，可分为理论性、技术性和效益性成果；从技术成果表现形式和商品性分类来看，可分为物质技术、方法技术、服务性知识成果；根据成果职能作用分类，可分为具有经济职能作用的成果、具有社会职能作用的成果和具有认知职能作用的成果。

《中华人民共和国促进科技成果转化法》规定："科技成果转化"是指为提高生产力水平而对科学研究与技术开发所产生的具有实用价值的科技成果所进行的后续试验、开发、应用、推广直至形成新产品、新工艺、新材料，发展新产业等活动。农业科技成果转化的关键是如何将农业成果符合推广的标准，其核心是解决资金的投入及运行问题。上述标准，是界定技术扩散、传播和推广的重点。现实中，衡量农业科技成果转化的条件主要有四点：第一，成果质量；第二，转化系统体系建设；第三，农民需求与接受的可能性；第四，政策与资金。其中，衡量成果质量的五项标准，即成果的创新性、成熟性、效益性、适用性和实用性；转化系统体系建设具体分为应用成果产出系统、成果鉴定系统、成果推广系统，成果推广系统是联系科研与生产系统的桥梁和纽带，是科技成果转化的关键；农民需求与接受的可能性是指将成果效益与农民的生产、生活需求相联系，增加农民对科技成果的需求动力，并考虑农民接受采纳成果的可能性；政策与资金主要是指国家的政策导向和投资环境的资金支持。从农业科技成果转化的含义来看，其主要包括转化主体、转化客体、转化受体、转化环境、转化手段和转化结果等，而其目标是追求良好的经济效益、生态效益和社会效益，以达到农业发展、农村繁荣和农民增收的目的。

农业科技成果转化的形式多样。第一，政府引导、项目带动，有组织地进行转化，该转化方式最有效果，多见于重大成果或多种成果的综合转化；第二，通过科技推广部门来进行转化，该方式具有适用面广、最长使用的特点，一般先由各级农技推广机构对成果进行引进、示范，然后再大面积推广应用，其工作重点是完善各级农技推广体系，稳定农技推广队伍，大力发展以农技协为重点的民间科技组织，形成"官民结合"科技推广网络；第三，依托技术市场进行转化，该转化渠道一般通过技术成果交易会、展览会或通过一些固定的场所对成果进行有偿转让。随着科技的进步，对于大批农业新技术、新成果的涌现，如何将其转化成生产力是促进农民增收的关键，其转化过程一般经过中间试验、生产示范、大面积应用和跟踪服务四个循序渐进的过程。现实中，我国农业科技成果转化主要还依靠各级政府主导的农技推广机构进行，其成果转化主要有自行投产模式、技术转让模式、产学研结合模式。农业科技成果向农户转化的模式主要有三种：第一，由农业科技成果供给方直接转化给农户，该转化过程没有中间环节，农业科技成果的供给方农业科研单位、农业大专院校直接向需求方农户提供科技成果；第二，由农业科技成果供给方经过中介机构转化给农户，这一转化过程由农业技术推广组织等中介机构作为中间环节连接农业科技成果的供给方和农户；第三，以农业企业为中心的转化模式，该模式是指涉农企业或公司作为农业科技成果转化的核心动力源，农业科技成果由实验室转化为社会实际生产力，其主要特征是通过本企业的生产经营行为来促使科技成果供需双方实现互动交流，实现供需平衡。

四、农民行为改变理论

行为是指在一定社会环境中，人在意识支配下，按照一定的规范进行并取得一定结果的活动。农民的行为包括生产、生活、社会交往、社会参与等方面，其具体包括社会行为和经济行为。农民的社会行为包括交往行为、社会参与行为、创新采纳行为及生育行为等；经济行为包括投资行为、劳动组织行为、收入分配行为、消费行为、市场行为和生产经营行为。

一般来说，人的行为是在某种动机的驱使下达到某一目标的过程。所谓动机是指引起个人行为，维持该行为并将该行为引向某一目标的直接原因，即动机是促使个人产生行为的直接原因，而动机的来源受人的内部需要和人的外部刺激所决定。当一个人产生某种需要尚未得到满足，就会处于一种紧张不安的心理状态中，此时若受到外界环境条件的刺激，就会引起寻求满足的动机，在动机的驱动下，产生想要满足需要的行为，然后向着能够满足此种需要的目标前进；当其行为达到目标后，也就是需要得到了满足，原先紧张不安的心理状态就会消除。如图2-3所示，周而复始，不断循环，这就是人的行为产生的机理（高启杰，2008）。

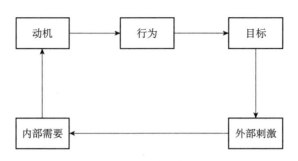

图2-3　行为产生的机理

行为产生的主要理论有认知、态度理论，需要理论，动机理论三个。第一，认知、态度理论。认知是指人对事物的看法、评价及带评价意义的叙述，是人们对外界环境的认识过程。通过认知过程，人们对客观事物产生了自己的看法和评价。在农业推广活动中，农民对推广人员、推广组织以及推广内容有一个认知过程，他们认知的正确与否直接影响着推广人员的态度和推广内容。态度是人在社会生活中所形成的对某种对象的相对稳定的心理反应倾向。态度由认知因素、情感因素、意向因素组成。态度对人的行为具有重要影响，主要影响行为积极性、行为效果和行为坚韧性。人在态度的基础上产生行为，不同态度产生不同的行为。同时，认知通过态度的影响进而影响人的行为；反之，行为也对认知和态度产生影响。第二，需要理论。需要是人对某种目标的渴求或欲望。一个人的行为，总是直接或间接地、自觉或不自觉地为了实现某种需要的满足。美国心理学家马斯洛（A. Maslow）将人的需要由低级到高级划分为五个层次，而需要的发展是循序渐进的，在低层次需要得以满足后，发展到下一个较高层次的需要。需要是行为产生的根本原因，满足需要是调动人们积极性的重要手段（吕强等，2017）。不同的农民在统一心理发展阶段的需要不同，了解这种需要的差异是开展农业推广的前提，满足农民最迫切的需要是推广工作有效进行的保障，农业推广还要协调好农民个人需要同国家需要、市场需要、近期需要和可持续发展需要的关系。第三，动机理论。动机对行为的作用主要分为始发作用、导向作用和强化作用。动机的产生满足两个条件，即内在需要和外界诱因，在分析一个人的行为时要同时考虑内在因素和外在条件。人的行为是由动机推动，动机主要由需要引起，而各种动机对行为的推动作用又各有不同。

行为改变理论强调的是对行为的激励，因此，也被称为激励理论。所谓行为激励，就是激发人的动机、使人产生内在的行为冲动，朝着期望的目标前进的心理互动过程。其主要包括操作条件反射理论、归因理论、期望理论和公平理论。

第一，条件反射理论。该理论认为，人的行为随外部环境的刺激而产生反应，环境的改变导致人的行为的改变。该理论的核心是行为强化，其方式包括正强化和负强化。第二，归因理论。归因理论认为，人内在的思想认识会指导和推动人的行为。因此，通过改变人的思想认识来达到改变人的行为目的。人对过去的行为结果和成因的认识不同，对日后的行为产生决定性影响，这主要反映在人们的工作态度和积极性方面。因此，可以通过改变人们对过去行为成功与失败原因的认识来改造人们日后的行为。现实中，若把成功的原因归于稳定因素，而把失败的原因归于不稳定因素，将会激发日后的积极性；反之，将会降低日后这类行为的积极性。由此可见，归因理论的意义在于通过改变人的自我感觉和自我思想认识，来达到改变行为的目的。第三，期望理论。期望理论认为，当需要得以满足时，人类的积极性就发生变化。当人有需求的时候，在满足需求的过程和实现预期目标的过程中，自身积极性才会提高。当人们有需要，又有满足这些需要和实现预期心理目标的可能时，其积极性才会高。激励受到激励力量、目标价值和期望概率的影响。其中，激励力量是指激励水平的高低，即调动人的积极性，激发内部潜能的大小；目标价值是指某个人对所要达到的目标效用价值的评价；期望概率是一个人对某种目标能够实现可能性大小的估计。第四，公平理论。公平理论是一种探讨个人所做贡献与所得报酬之间如何平衡的理论。每个人都会把自己付出的劳动和所得的报酬与他人所得的报酬进行比较，也会把自己现在付出的劳动和所得的报酬与自己过去付出的劳动和所得的报酬进行历史的比较。当一个人知道他的投入与得到的报酬的比值与他人的投入和报酬比值相等时，就是公平；反之，就是不公平。人们行为能否受到激励，不仅决定于报酬类型和多少，还决定于自己的报酬和别人的报酬是否公平。

农业推广工作的目的是通过引导和促进农民行为的自愿改变来促进农业和农村发展。在整个推广过程中需要发生不同层次和内容的行为变化，最终才能达到这一目的。研究发现，行为改变的层次主要包括知识、态度、个人行为、群体行为的改变四个方面（见图2－4）。第一，知识改变是行为改变的第一步，也是基本的行为改变，只有农民知识水平提高并有一定的认识，才可能发展到以后层次的改变。第二，态度的改变是对事物评价倾向的改变，是人们对事物认知后在情感和意向上的变化，其主要分为遵从阶段、认同阶段和内化阶段，进而促使农民态度的改变。第三，个人行为改变是个人在行动上发生的变化，这种变化受态度、动机、个人习惯和环境因素的影响，个人行为的完全改变的难度更大，所需时间更长。第四，群体行为的改变，是某一区域内人们行为的改变，并以大多数人的行为改变为基础。农民是异质群体，因此，推广人员要注意分析不同农民的层次属性，有针对性地开展推广工作。

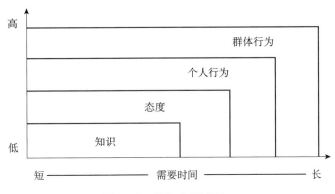

图 2 – 4   行为改变过程

在农业推广中，根据行为主体的不同，可以分为政府行为、推广机构行为和农民行为三种主要类型。政府主要起着项目决策、政策导向、法律保障的作用。推广机构主要具有项目推广、创新传播、信息服务、技术指导的作用。在我国，公共推广机构和民间推广机构因其性质不同，其行为目的、行为准则和行为方式各不相同。决策是指理智的个体人或群体按照某个目标作出的行动决定，是对行动的设计和选择过程。在农业技术推广中，重大项目由政府决策，而一般项目则由推广机构负责，但农民决定最终成果的采纳。推广项目的决策的行为过程一般要经过五个阶段，主要是调查现状、收集项目信息、分析筛选、效益预测、评估决定，根据效益预测情况，选择效益高的少数项目进行全面评估，最终决定最适宜的推广项目。农民决策行为分为理性决策行为和非理性决策行为。一个理性决策行为一般由多个环节组成。科技购买是农民有偿采用农业创新的一种生产性投资行为，也是农业创新传播、有偿推广服务的重要形式。农民购买比较先进的农业创新成果的活动统称为科技购买行为。从严格意义上说，农民的科技购买行为是指农民对新品种、新技术等创新的购买活动，对于不同创新的购买行为具有不同的购买动机，主要有求新购买动机、求名购买动机、求同购买动机、求实购买动机和出于对推广人员的信任五个方面。农民作为异质群体，思想观念、文化素质、经济条件各不相同，因而其购买行为的类型也各有不同。

在农业推广活动中，农业推广机构和农业推广人员起到连接政府和农民纽带的作用，其职能是通过对农村社区发展的技术推动和农村人力资源的开发来促进农村发展。认知、态度理论认为，人在态度的基础上产生行为，不同的态度可产生不同的行为。同时，认知通过影响态度进而影响人的行为。实践中，农业推广者与农民的心理互动主要分为认知互动、情感互动、意志与行动互动三个方面。根据推广工作的职能，推广机构可以通过四种方式来提高农民对推广项目的认知和改变态度：第一，在项目推广初期，应通过大众传媒、展览会、举办报告会和组织参观等方法，尽快地让更多农民知道，加深认识和印象；第二，农民对创新有了初步了解后，是否采用尚在犹豫之中，应尽可能为农民提供先期实验结果和组织参观，协助他们正确地进行评价，促使他们尽快做出决策；第三，通过成果示范和个别访问帮助农民增强兴趣；第四，鼓励农民参与到创新实践活动中，让他们在参与中改变态度，进而改变其行为。

需要、动机理论认为，需要是行为产生的根本原因，满足需要是调动人的积极性的重要手段，动机主要是由需要引起，而各种各样的动机对人的行为的推动作用又有不同的特征。在农业推广工作中，满足农民最迫切的需要是推广工作有效进行的保障。因此，要实现推广目标，推广机构必须做到按农民需要进行推广。农业推广工作的一切最后都要落实在农民身上，做不到这点，采用和转化均不可能实现，因此，应该按照农民需要进行推广，这是市场经济的客观要求，也是行为规律所决定的。

期望、激励理论认为，调动人的积极性是靠对其需要满足的激励。当人们有需要又有满足这些需要和实现预期心理目标的可能时，积极性才会高。基于此，推广机构在推广工作中应注意以下三点：第一，正确确定推广目标，科学设置推广项目；第二，认真分析农民心理，热情诱发农民兴趣；第三，提高推广人员自身素质，积极创造良好推广环境，增大推广期望值。

五、系统理论

系统论认为，系统是由若干要素以一定结构形式连接构成的某种具有功能的有机整体，包含了要素与要素、要素与系统、系统与环境三方面的关系。系统理论主要包含三个方面，分别是系统优化理论、耗散结构理论和协同理论。系统原理的基本思想是世界上任何事物，无论部门、单位或个人都不是孤立的，都处在一个特定的系统之内，和其他要素发生相互作用；同时又在自己系统之内，与其他系统发生相互影响、相互制约的联系。

系统是指由两个或两个以上相互联系、相互作用的要素组成，在一定环境中，具有特定功能的有机整体。在自然界和人类社会中，一切事物都是以系统的形式存在的，任何事物都可以看作是一个系统。系统优化理论就是指在系统分析的基础上，针对系统要素之间的相互联系及要素与系统之间的关系以整体为主进行协调，局部服从整体，追求整体优化效应。总之，系统要素的优化组合目的就是使整个系统产生更大功能，追求管理系统的最优。从系统优化的实质来说，就是放大被管理系统的功效，即系统的功能不等于要素功能的简单相加，而是往往要大于各个部分功能的综合。总体功能的产生是一种质变，它的功能大大超过了各个部分功能的综合。

耗散结构理论是由比利时物理学家伊利亚·普利高津（Ilya Prigogine）首次提出的。该理论认为，一个远离平衡状态的开放系统通过不断地与外界进行物质、能量、信息的交换运动，当外界环境的条件变化达到一定阈值时，系统会自发从无序状态转变为一种在时间、空间或功能上的有序，若外部环境不断变化，系统依然保持新型有序状态。通过依靠耗散物质、能力或信息方可维持有序状态的结构则称为耗散结构。系统的开放性则是保证耗散结构成型的关键。开放系统就是与外界环境自由地进行物质、能量或信息交换的系统。系统进化的必备条件之一是远离平衡状态，与之对应的平衡状态则是鼓励系统，经过无限长时间后稳定存在的一种最均匀无序的状态。不稳定状态是系统进行有序结构演化的关键，而非线性作用则是保证有序结构保持的重要条件。系统在线性作用下，在近似平衡状态中运动，若要出现系统原理平衡状态，系统内部各要素之间则呈现非线性作用。涨落是诱发系统进入有序状态的关键。涨落是指系统中某个变量或行为对平均值所发生的偏离。当系统中的涨落运动所引起的扰动和震荡达到或超过一定的阈值，原有系统结构则遭到破坏，也为新的、有序的结构出现提供了一定的契机。

协同理论也称为"协同学"和"协和学"，是由德国著名物理学家哈肯（H. Haken）创立。协同理论是在多学科研究基础上逐渐形成和发展起来的一门新兴学科，是系统科学的重要分支。该理论认为，不同性质的系统之间呈现相互影响。协同理论指出，大量子系统组成的系统，在外参量的驱动下和在子系统之间的相互作用和协作下，以自组织的方式在宏观尺度上形成时间、空间和功能有序结构的条件、特点及其演化规律。在协同理论中，哈肯描述了临界点附近的行为，阐述了慢变量支配原则和序变量概念。序参量是影响事物演化的重要因素。若系统接近于发生显著质变的临界点时，慢变化的状态参量则越来越少，而此类参量决定着整个系统的宏观行为，且能将状态参量逐渐消除。协同理论很好地解读了物态变化的普遍方式，其研究领域已经涉及多个学科，且对不同学科之间具有很好的联系作用。因此，系统理论也成为软科学研究的重要工具与方法。

　　耗散结构理论与协同理论有三点共性：第一，只能在远离平衡的开放系统中，在内部结构协同作用下，当表征该系统的某一物理量达到某个特定阈值时，才能形成"活"的高度稳定有序的耗散结构；第二，在远离平衡的开放系统中，负熵流是促进系统内部各子系统互补协同的重要力量；第三，在系统内各子系统之间存在协同作用力。当协同作用力为正向时，可以促进系统内部各系统之间的协同作用；当协同力为负时，会破坏系统中子系统之间的协同作用，造成系统混乱无序。

　　农业技术推广是一个长期的过程，符合系统论的观点。农业技术推广系统是由推广子系统和目标子系统组成的开放性系统，可以随时同外界进行物质、能量、信息的交换。在推广子系统中，推广员存在年龄、知识断层、推广单一、内容滞后等问题，若要保持有序结构，必须加强推广队伍的建设，建立完善的推广机制和管理机制，保证推广系统的有序运转。对于目标子系统，推广人员必须不断提供新知识、信息、技术和商品，方可保证目标子系统保持有序结构。从系统生存与发展角度来看，农业技术推广系统只有依据现实变化进行变革，才能保证整个推广体系的可持续性发展，最终实现系统优化的目的。

第三章 我国水产技术推广体系现状分析

第一节 我国水产技术研发体系建设现状

一、水产科技研发机构建设现状

水产科研机构是指由一定水平的学术带头人，一定数量、质量的研究人员，通过开展研究工作并长期有组织地从事水产技术研究与开发活动的机构。我国水产科研机构以政府为主导，主要由水产科研院所和水产科研高校两部分构成。2017 年，全国水产科研机构共有 98 个，其主要由以中国水产科学研究院、中国科学院海洋研究所及各省市水产研究所等为代表的科研院所和以中国海洋大学、厦门大学、中山大学、南京大学、浙江大学、上海海洋大学等为代表的科研高校组成（见图 3 - 1）。其中，中国水产科学研究院是中高端水产技术的研发主力，中国科学院海洋研究所是高精尖水产技术的研发机构，各地区水产研发机构的研发水平高低不齐，体现在沿海地区水产技术研发水平优于内陆地区，但对当地渔业发展具有重大贡献。科研高校在现实中也以研发中高端水产技术为主，对水产技术研发也产生了重要作用；民间水产技术研发机构以营利为目的，并多以地区化存在，从一定程度上对本地区水产技术发展具有一定的推动作用。

中国水产科学研究院（CAFS）是国家级水产科研发机构，担负着全国渔业重大基础、应用研究和高新技术产业开发研究的任务，在解决渔业及渔业经济建设中的基础性、方向性、全局性、关键性重大科技问题，以及科技兴渔、培养高层次科研人才、开展国内外渔业科技交流与合作等方面发挥着重要的作用。中国水产科学研究院的研究重点为渔业资源保护与利用、渔业生态环境、水产生物技术、水产遗传育种、水产病害防治、水产养殖技术、水产加工与产物资源利用、水产品质量安全、渔业工程与装备、渔业信息与发展战略等领域。中国水产科学研究院现有海区研究所 3 个、流域研究所 4 个、专业研究所 2 个、增殖实验站 4

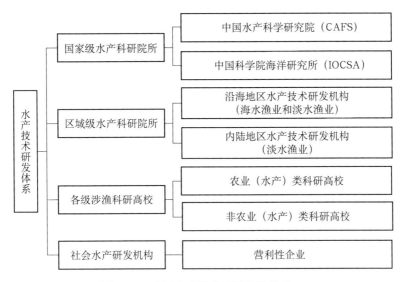

图 3-1 我国水产技术研发机构体系

个，以及院部共 14 个单位，院地共建研究机构 5 个。其中，黄海水产研究所、东海水产研究所、南海水产研究所、黑龙江水产研究所、长江水产研究所、珠江水产研究所和淡水渔业研究中心 7 个机构是水产技术的研发核心（如表 3-1 所示）。

表 3-1 中国水产科学院研究所水产技术研发

研究机构名称	研究领域
黄海水产研究所	海洋生物资源开发与可持续利用研究，渔业资源调查，海水增养殖技术，水产品加工及质量检测，捕捞技术
东海水产研究所	资源保护及利用，捕捞与渔业工程，远洋与基地渔业资源开发，水产养殖，生态环境评价与保护，生物技术与遗传育种，水产品加工与质量安全，渔业信息及战略研究
南海水产研究所	水产病害防治，渔业生态环境，水产健康养殖，遗传育种，生物技术，水产品加工与综合利用，渔业装备与工程技术，渔业资源保护与利用，水产品质量安全控制
黑龙江水产研究所	养殖技术，遗传育种与生物技术，渔业资源，环境保护
长江水产研究所	渔业资源保护与利用，渔业环境评价与保护，水产养殖，水产品质量安全，水产种质资源保存和遗传育种，池塘生态工程，鱼病防控，鱼类营养与饲料，濒危水生动物保护
珠江水产研究所	水产种质资源与遗传育种，水产养殖与营养，渔业生态环境评价与保护，渔业资源保护与利用，水生实验动物，城市渔业和水产品质量安全，水产病害与免疫
淡水渔业研究中心	淡水鱼类遗传育种和养殖，内陆渔业生态环境和资源重点开发

资料来源：中国水产科学院官网。

中国科学院海洋研究所（IOCSA）是从事海洋科学基础研究与应用基础研究、高新技术研发的综合性海洋科研机构，研究重点是蓝色农业优质、高效、持续发展的理论基础与关键技术、海洋环境与生态系统动力过程、海洋环流与浅海动力过程及大陆边缘地质演化与资源环境效应等领域。中国科学院海洋研究所现由7个研究机构、5个支持机构和8个行政办公室构成，其中，实验海洋生物学重点实验室和海洋生物技术工程研究发展中心是水产技术研发的主力（见表3-2），在我国海洋高科技领域发挥着重要作用。

表3-2　中国科学院海洋研究所水产技术研发

研究机构名称	研究领域
实验海洋生物学重点实验室	海洋生物的遗传发育基础与种子创新，海洋生物免疫防御机制与生物安保，海洋生物关键代谢过程与生物基材料炼制
海洋生物技术工程研究发展中心	贝类养殖与生物技术，藻类养殖与生物技术，鱼类养殖与生物技术，养殖贝类遗传与育种，水产设施养殖与装备工程，海洋生物制品，水产养殖环境调控技术，海藻化学与综合利用

资料来源：中国海洋研究所官网。

我国各地区水产技术研发现实不同。从渔业发展情况来看，基于水资源先天性差异的现实，东部地区渔业发展水平最高，中部地区如长江中下游流域各地区渔业发展水平次之，西部内陆地区渔业发展水平较低。基于此，水产技术研发机构建设情况也各不相同，整体来看，东部沿海地区渔业发展水平最高，中部发展水平次之，西部发展水平最低。现阶段，我国省级水产技术研发机构共有24个（见表3-3和表3-4），具体包括海洋水产科学研究院8个，淡水水产科学研究院14个，综合性水产科学研究院2个。作为我国的水产大省，山东、江苏和福建地区的水产科学研究院又分为海水和淡水两类，水产技术类型实现进一步细化。目前，我国各地区水产技术研发机构的水产技术研发多以渔业水产生态环境检测保护与评估、水产品良种繁育技术研究、水产养殖病害防治技术研究、水产品加工技术研究、水生生物营养与饲料研发、水产品质量检测、渔业资源调查与开发、渔业工程技术研究、水产生物技术研究等为主。

表3-3　沿海地区水产研究机构水产技术研发

科研机构名称	研究领域
辽宁省海洋水产科学研究院	水产生态环境检测保护与评估，水产品良种繁育技术研究，水产养殖病害防治技术研究
河北省海洋与水产科学研究院	水产环境检测保护与评估，渔业资源研究，水产健康增养殖技术研究，水产品良种繁育技术研究

续表

科研机构名称	研究领域
山东省海洋水产研究所	水产品加工技术研究，水生生物营养与饲料研发，水产健康增养殖技术研究，渔业工程技术研发，水产品良种繁育技术研究
山东省淡水渔业研究院	水产环境检测保护与评估，水产品良种繁育技术研究，水生生物营养与饲料研发，水产养殖病害防治技术研究，湿地、盐碱地渔业生态利用技术水产品质量检测
江苏省海洋水产研究所	水产环境检测保护与评估，水产品健康增养殖技术研究，水产生物技术研究，水产品质量检测，水产养殖病害防治技术研究与防控，水产种质资源保护与开发利用
江苏省淡水水产研究所	水产生态环境检测保护与评估，水产品良种繁育技术研究，水产种质资源保护，水产科技推广，水产养殖病害防治技术研究，水产品质量与安全研究，渔业技术协同攻关与科技中介服务
上海市水产研究所	水产健康增养殖技术研究，水产养殖病害防治技术研究，水产生态环境检测保护与评估，水产品良种繁育技术研究水产品质量检测
福建省水产研究所	水产品良种繁育技术研究，水产健康增养殖技术研究，水产品加工技术研究，水产养殖病害防治技术研究，水产品质量与安全研究，水产生物技术研究
福建省淡水水产研究所	水产环境检测保护与评估，水产品良种繁育技术研究，水生生物营养与饲料研发，渔业资源调查与开发，水产品健康增养殖技术研究，水产养殖病害防治技术研究，渔业工程技术研发，海洋功能区划与海域使用论证，水产科技推广
广东省海洋渔业试验中心	水产品良种繁育技术研究，水产健康增养殖技术研究，深海生物资源研究，水产科技成果试验，海洋生物标志放流技术研究
广东省渔业种质保护中心	水产品良种繁育技术研究，水产健康增养殖技术研究，水生生物资源养护
广西水产科学研究院	水产环境检测保护与评估，水产品良种繁育技术研究，水产健康增养殖技术研究，水产技术推广，水生生物营养与饲料研发，水产品质量检测，水产养殖病害防治技术研究
海南省水产研究所	海洋捕捞技术研究，水产良种繁育技术研究，水产健康增养殖技术研究，水产品加工技术研究，渔业资源调查与开发，水产养殖病害防治技术研究

资料来源：沿海地区水产研究所网站。

表 3-4　内陆地区水产科学研究机构水产技术研发

科研机构名称	研究领域
北京市水产科学研究所	水产品质量安全检测，水产养殖病害防治技术研究，水产品加工技术研究，渔业信息化研究，水产生态环境检测保护与评估，水产品良种繁育技术研究，水产健康养殖技术研究
河南省水产科学研究院	水产环境检测保护与评估，水产品良种繁育技术研究，水产健康养殖技术研究，水生生物营养研究，水产品质量与安全研究
吉林省水产科学研究院	水产生态环境检测保护与评估，水产品良种繁育技术研究，水产养殖病害防治技术研究，水产品质量检测与监督，水产科技推广

续表

科研机构名称	研究领域
湖北省水产科学研究所	水产环境检测保护与评估，水产品良种繁育技术研究，渔业资源调查与开发，生物营养与饲料研发，水产健康增养殖技术研究，水产养殖病害防治技术研究
江西省水产科学研究所	水产生态环境检测保护与评估，水产品良种繁育技术研究，水产生物技术研究，水产健康养殖技术研究，水产养殖病害防治技术研究
内蒙古自治区水产科学研究所	水产品良种繁育技术研究，水产健康养殖技术研究，盐碱地综合开发，水产技术推广，水产养殖病害防治技术研究，水生生物营养与饲料研发，水产技术引进与开发
山西省水产科学研究所	水产健康增养殖技术研究，水产养殖病害防治技术研究，渔业工程技术研发，渔业资源调查与开发
陕西省水产研究所	水产环境检测保护与评估，水产品良种繁育研究，水产健康养殖技术研究，水生生物资源养护，水产养殖病害防治技术研究，水产品质量检测及风险评估，水生野生动物救护，渔业资源调查与开发，无公害水产品产地及产品认证
四川省农科院水产研究所	水产环境检测保护与评估，水产品良种繁育研究，水产健康养殖技术研究，水产生物技术研究，水产养殖病害防治技术研究，水生生物营养与饲料研发
重庆市水产科学研究所	水产健康增养殖技术研究，水产品质量检测，水产科技推广
甘肃省水产科学研究所	水产品良种繁育研究，水产健康增养殖技术研究，水产养殖病害防治技术研究，水产生物技术研究

资料来源：内陆地区水产研究所网站。

科研高校是基于水产科研院所之外的另一重要技术供应体，是在政府支持和引导下，开展新技术、新品种、新成果试验的专业化科研机构。我国涉及水产技术研发的高等院校主要分为两类：一类是海洋类专业科研院校，另一类是具有专业水产技术研发机构的非海洋类科研院校（见表3-5）。当前，我国主要的海洋类专业科研院校主要是中国海洋大学、上海海洋大学、广东海洋大学、大连海洋大学和浙江海洋学院，在研究领域方面，多以水产养殖、水生生物遗传育种、水产品贮藏与加工为主，在此基础上，上海海洋大学的远洋渔业与工程、广东海洋大学的水产捕捞与海洋渔业科学与技术、大连海洋大学的动物营养与饲料科学、浙江海洋学院的水产捕捞研究实力与研究成果较为突出，是我国水产技术研发的主力；现实中，非水产类科研高校的涉水机构，其对我国水产技术研发贡献显著，基于研究实力等现实性因素，相比专业海洋类高校，其研究领域除水产养殖、水生生物遗传育种之外，如宁波大学还涉及水产品加工与海洋食品研究，四川农业大学还对渔业综合技术进行专业研究，河南师范大学水产学院对水生生物疫病防控进行专业化研究。

表3-5　我国水产科研高校水产技术研发

院校名称	研究领域
中国海洋大学	水产养殖，水生生物遗传育种，水产品贮藏与加工
上海海洋大学	水产养殖，水产生物遗传育种，水产品贮藏与加工，远洋渔业与工程
广东海洋大学	水产养殖，水产捕捞，水产生物遗传育种，水产品贮藏与加工，海洋渔业科学与技术
大连海洋大学	水产养殖，水产生物遗传育种，水产品贮藏与加工，动物营养与饲料科学
浙江海洋学院	水产养殖，水产捕捞，水产品加工与贮藏
集美大学	水产养殖，水产生物遗传育种，水产品贮藏与加工，海洋渔业科学与技术，水生生物检疫，食品安全监测与控制
浙江大学	水生生物
中山大学	水产养殖，水生生物遗传育种
山东大学	水产养殖，水生生物遗传育种
海南大学	水产养殖，水生生物遗传育种
华中农业大学	淡水养殖，水生生物遗传育种（淡水）
南京农业大学	水产养殖，水生生物遗传育种（淡水）
宁波大学	水产养殖，水生生物遗传育种，水产品加工，海洋食品
四川农业大学	水产养殖，渔业综合技术
河南师范大学	水产养殖，水生生物遗传育种，水生生物疫病防控

资料来源：各高等院校官网。

二、水产科技研发队伍发展现状

水产科研机构从业人员是以技术为核心资源的知识型员工，是水产科研机构追求自由性、独立性、个性化、多样化和创新精神的特殊群体，是水产技术科研机构发展的核心，也是水产技术有效保障的关键。当前，水产科研机构从业人员主要分为科技活动人员、生产经营人员和其他人员三类（见表3-6）。基于国家数据统计原因，2009~2017年，我国水产机构从业人员年均减少约0.99%，水产科技活动人员年均增长1.18%，生产经营人员年均减少15.38%，其他人员年均减少2.71%。整体来看，水产科技活动人员比重呈逐年增加趋势，科技活动人员是水产科研机构中从事水产技术研发的主力，从一定角度来看，有效保障了我国新型水产技术的研发工作。

表3-6　水产科研机构从业人员　　　　单位：人

年份	总人数	科技活动人员	生产经营人员	其他人员
2009	6751	4713	1076	962
2010	7081	4901	1070	1110
2011	6872	5003	959	910
2012	6939	5015	822	1102

续表

年份	总人数	科技活动人员	生产经营人员	其他人员
2013	7413	5417	806	1190
2014	7560	5521	829	1210
2015	7135	5217	865	1053
2016	6726	5300	481	945
2017	6233	5178	283	772

资料来源：《中国渔业统计年鉴》（2010～2018年）。

水产技术科技人员是水产技术研发的关键（见图3-2）。2017年，我国水产科技活动人员以中高级职称为主，比例为70%。具体而言，获得高级职称的水产科技活动人员为1743人，占整体人员的33.66%；获得中级职称的水产科技活动人员为1859人，占整体人员的35.90%；与此同时，获得初级职称及其他职称的科技活动人员为1576人，占整体人员的30.44%。

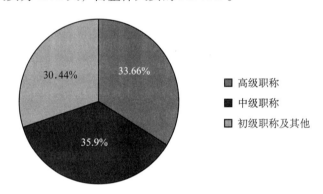

图3-2　2017年水产科技活动人员职称分类

资料来源：《2018年中国渔业统计年鉴》。

我国水产科技活动人员学历主要分为四类：研究生学历、大学学历、大专学历和大专以下学历（见图3-3）。2017年，研究生学历的水产科技活动人员数量为2202人，占总体的42.52%；大学学历的水产科技活动人员数量为1896人，占总体的36.62%；大专学历的水产科技活动人员为641人，占总体的12.38%；大专以下学历的水产科技活动人员为439人，占总体的8.48%。总体来看，具备研究生学历和大学学历水平的水产科技活动人员比例为79.14%，高素质群体是我国水产科技研发的主力。

水产科技活动收入是保障水产技术研发的基础。从图3-4可知，2009～2017年我国水产科技活动年度收入增长显著，科技活动收入占总收入的比重最高，生产经营收入和其他收入占总收入的比重相对较低。从时间变化来看，2017

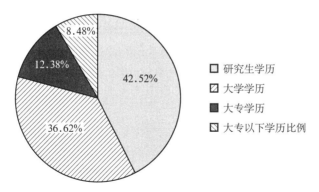

图 3 - 3 2017 年水产科技活动人员学历分类

资料来源:《中国渔业统计年鉴》(2018 年)。

年水产科技总收入与 2009 年相比年均增长 11.58%,2017 年水产科技活动收入与 2009 年相比年均增长 12.41%,2017 年水产科技生产经营收入与 2009 年相比年均增长 11.16%,2017 年水产科技其他收入与 2009 年相比年均增长 3.86%。从历年变化来看,我国水产科技活动总收入始终保持持续性增长,水产科技活动收入仅在 2014 年出现小幅度下降,总体呈现稳定增长趋势,而水产科技生产经营收入在 2011 年出现下降,随后几年大幅增长,并在 2016 年再次显现下降。

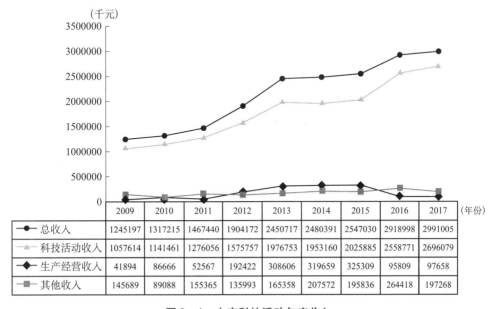

	2009	2010	2011	2012	2013	2014	2015	2016	2017
总收入	1245197	1317215	1467440	1904172	2450717	2480391	2547030	2918998	2991005
科技活动收入	1057614	1141461	1276056	1575757	1976753	1953160	2025885	2558771	2696079
生产经营收入	41894	86666	52567	192422	308606	319659	325309	95809	97658
其他收入	145689	89088	155365	135993	165358	207572	195836	264418	197268

图 3 - 4 水产科技活动年度收入

资料来源:《中国渔业统计年鉴》(2010 ~ 2018 年)。

三、水产科学技术研发成果现状

水产科技成果是指对水产科学技术研究课题，通过观察实验、研究试制或辩证思维活动取得的具有一定学术意义或实用意义的结果。根据国家统计分类，水产科技成果主要分为发表论文数量、出版科技著作数量、专利受理数量、专利授权数量和拥有发明专利总数五部分。从图 3 - 5 来看，2009 ~ 2017 年我国水产科技成果数量整体呈上升发展，其中，水产科技论文发表数量在 2010 年最多（3270 篇），年均增长 4.98%；出版科技著作数量在 2014 年出现最多（95 本），年均增长 5.37%；专利受理数量在 2015 年出现最多（914 件），年均增长16.2%；水产科技专利授权数量也在 2015 年达到最高（739 件），年均增长率达27.94%；全国拥有的水产发明专利总数由 2009 年的 277 件增长为 2017 年的1686 件，年均增长率为 25.33%。由此可见，2009 ~ 2017 年，我国水产科技成果丰富，各项成果增长很快，说明作为我国渔业发展的重要支撑——水产科技成果，对推动我国渔业长远发展发挥了很好的作用。

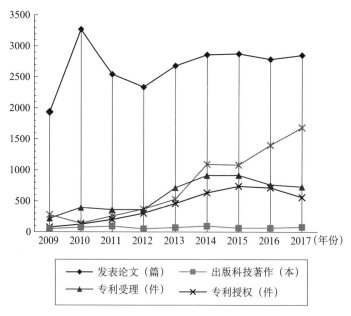

图 3 - 5 2009 ~ 2017 年水产科技成果

资料来源：《中国渔业统计年鉴》（2010 ~ 2018 年）。

综上所述，我国水产技术科技研发工作体系建设相对较好，为我国水产技术推广工作奠定了扎实的技术成果基础。水产技术研发体系建设相对完善，水产技术研发机构从不同方面不断完善；水产科研人员层次日益提升，整体素质水平不断提高；水产科研成果日益丰富，整体成果水平不断提升。

第二节　我国水产技术推广体系发展现状

我国海岸线总长 3.2 万千米，海洋国土面积为 299.7 万平方千米，境内河流众多，流域面积在 1000 平方千米以上的河流多达 1500 余条，五大淡水湖总面积高达 11981.5 平方千米，有利的自然资源优势决定了丰富的水产资源。其中，渤海和黄海海底平坦、饵料丰富，渔业资源以黄花鱼、鲅鱼和温带虾蟹贝类等资源为主；东海海域有我国最大的渔场——舟山渔场，因黄鱼、带鱼和墨鱼等水产资源盛产而闻名；南海地处亚热带和热带气候区，海洋生态环境优越，热带和亚热带经济类水产资源丰富；长江中下游平原、淮河中下游和山东南部地区的湖泊面积约占全国湖泊总面积的 1/3，淡水水生资源种类繁多。比较而言，我国具备发展渔业的区位、经济和生态环境优势，稳健的水产技术推广体系是我国渔业持续发展的保障。

一、水产技术推广机构建设现状

水产技术推广机构既是水产技术传播的重要载体，也是水产技术推广人员学习新型水产技术的有力保障（见图 3-6）。2000 年，我国共有 17848 个水产技术推广站，随着渔业的发展，我国水产技术推广机构不断进行"高效化"改革，截至 2017 年底，全国水产推广机构共有 12305 个，基层水产技术推广站比重占总体的 97.28%。从图 3-6 来看，2000~2017 年，内陆地区水产技术推广机构数量变化趋势与全国趋势一致，而沿海地区基本保持稳定态势。2000 年全国水产技术推广站在近 17 年中数量最多，沿海地区水产技术推广站比重占 44%，内陆地区水产技术推广站比重占 56%；2000~2003 年由于机构撤并改革，水产推广体系受到较大冲击，或被简单整合归并，或被全部推向市场，造成水产技术推广机构及人员减少，全国水产技术推广站减少至 12547 个，沿海地区水产技术推广站与内陆地区水产技术推广站所占比重分别为 47% 和 53%。随着水产技术推广体系建设的发展，2003~2011 年，全国水产技术推广站建设呈现"平稳发展"态势，其数量一般在 13000 个左右，沿海地区同内陆地区水产技术推广站数量比重一般是 42% 和 58%。2012 年，国家发布《关于加快推进农业科技创新持续增强农产品供给保障能力的若干意见》的相关文件，文件提出重点发展农业技术推广工作的任务，2012～2014 年我国水产技术推广站建设不断加强，水产技术推广站数量不断增加，全国基本保持在 14000 个左右，沿海地区与内陆地区水产技术推广站比重总体为 42% 和 58%，水产技术推广站建设呈现"稳中求强"的新局面。但 2015～2017 年，全国和内陆水产技术推广站数量在经历了缓冲期平缓后再次呈现出下降趋势，此时沿海地区与内陆地区水产技术推广站比重约为 48% 和 52%。

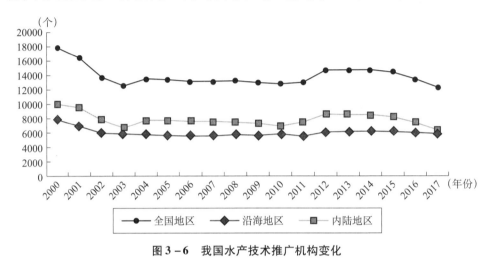

图 3－6　我国水产技术推广机构变化

资料来源：《中国渔业统计年鉴》（2001～2018 年）。

二、水产技术推广队伍发展现状

水产技术推广人员是指从事水产技术指导、技术咨询、技术培训、技术开发和信息服务的专业型人员，是我国水产技术推广队伍的主要构成。当前，我国水产技术推广人员主要来自政府机构、科研机构、学校、企业、民间组织及其他部门，通常将水产技术人员划分为水产技术推广行政管理人员、水产技术推广督导人员、水产技术推广专家和水产技术推广指导员。在水产技术推广员中存在水产技术人员，该群体在掌握技术推广的基础上还掌握了水产技术的原理与研发，是水产技术推广队伍的核心。2000～2017 年，尽管我国水产技术推广人员数量总体呈现出小幅度波动状态，但始终保持在 40000 人的较高水平。2000 年，全国水产技术推广人员数量最多，水产技术人员比重为 66%；2000～2005 年，全国水产技术推广人员数量呈现下降发展，2005 年，全国水产技术推广人员降至 37479 人，水产技术人员占水产技术推广人员的 66%；2006 年，全国水产技术推广人

员数量达到次高峰点，总人数为 43642 人，水产技术人员占 65%；2006~2011
年，全国水产技术推广人员数量整体呈现稳定发展，水产技术人员占水产技术推
广人员比重保持在 70%；2012~2014 年，全国水产技术推广人员数量保持在
42000 人左右，技术人员比例保持在 72.5%；2015~2017 年，与全国水产技术推
广机构变化一致，推广人员数量略有下滑趋势，2017 年，水产技术推广人员为
33196 人，水产技术人员占 85.7%。由此可见，我国水产技术推广队伍以专业型
技术人员为主。

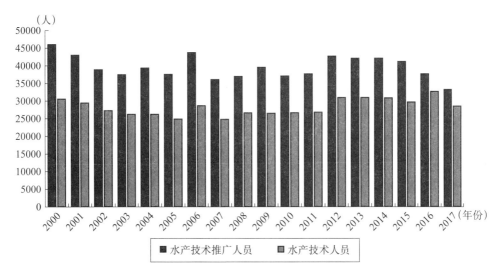

图 3-7　2000~2017 年我国水产技术推广人员实有数量

资料来源：《中国渔业统计年鉴》（2001~2018 年）。

在我国水产技术推广队伍中，水产技术型推广人员的职称分为三类：高级职
称技术人员、中级职称技术人员和初级职称技术人员，其职称的高低决定了水产
技术推广队伍的质量与水产技术推广的好坏。从图 3-8 可以看出，2000~2017
年，在全国水产技术类推广人员中，初级水产技术推广员人数波动下降，中级和
高级水产技术推广员人数平稳增加。值得注意的是，在初期阶段，具有高级职称
的技术人员比重极低（2000 年，高级水产技术推广员仅占全部推广员的
3.96%），且中级水产技术推广员与初级水产技术推广员的数量差异也较大（后
者数量约为前者的 3.11 倍）。截至 2017 年，全国高级、中级、初级水产技术推
广员比重分别为 13.61%、41.89%、44.50%，高级水产技术推广员的比重显著
增加，中级、初级水产技术推广员数量已接近 1:1。2016 年，在"十三五"规划
中列出 6 项重大人才工程，其中一项正是关于高技能人才的"国家高技能人才振兴

计划"，其明确指出要紧紧围绕人才优先发展战略和创新驱动发展战略，为推进供给侧结构性改革和《中国制造 2025》提供技能人才支撑。此外，随着当前中国向价值链上游转移，提供的产品或服务也逐渐向高附加值过渡，其对高技能劳动力的需求还将不断上升。可见，具有中高级职称的技术人员比重上升，不断为我国水产技术推广领域输送生力军，是发展现代产业体系的需要，符合国家发展战略要求。

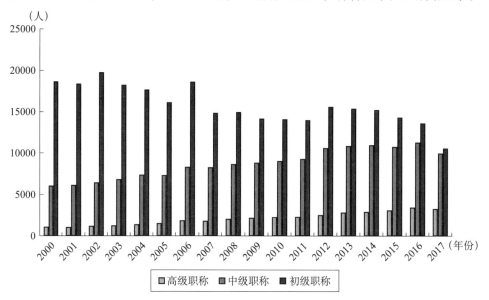

图 3 – 8　2000～2017 年我国水产技术人员职称比重

资料来源：《中国渔业统计年鉴》（2001～2018 年）。

三、水产技术推广经费使用现状

水产技术推广经费是保障水产技术推广体系稳健运行的基础，也是保障水产技术推广人员业务和生活的关键。现实中，水产技术推广经费主要由人员经费和业务经费两部分构成。2000～2014 年，政府对我国水产技术推广体系的财政投入连年增加，有效地保障了水产技术推广工作的有效开展（见图 3 – 9）。2000年，我国水产技术推广经费仅为 38375 万元，人员经费比重为 48%，业务经费比重为 52%，用于水产技术推广人员和水产技术推广业务的经费比例大致相当；2001 年和 2002 年，全国水产技术推广经费总数变动不大，人员经费与业务经费的比重分别为 63% 和 37%，2002 年，人员和业务的经费比重出现初次失衡；2002 年以后，水产技术推广经费投入不断增加，2010 年推广经费总投入高达108176.75 万元，首次突破 10 亿元，人员经费与业务经费比例约为 7∶3，这与我国政府重视农业生产和水产技术推广工作发展密不可分；2017 年，我国政府进一步增加投入水产技术推广经费，总额高达 314529.47 万元，其中，用于水产技术推广人员的经费投入为 227371.26 万元，水产技术推广业务经费为 87158.21 万元。

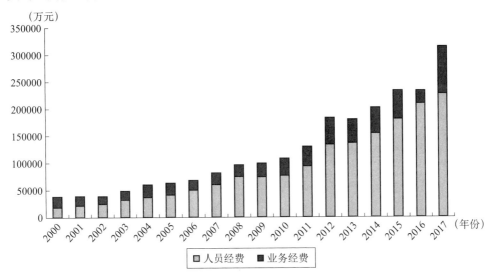

图 3-9　2000~2017 年我国水产技术推广经费

资料来源：《中国渔业统计年鉴》（2001~2018 年）。

四、水产技术推广教育培训现状

水产技术推广就是要通过一定的教育培训，科学引导广大渔民采纳水产技术推广机构推广的水产科学技术。从图 3-10 和图 3-11 可以看到，2000~2005 年，受渔业发展规模影响及水产技术推广业务经费约束，水产技术培训工作发展不太稳定。2000 年，全国水产技术培训总计举办了 24473 期，这一数字在 2005 年降至 19381 期。2006~2010 年，全国水产技术推广培训呈现"持续性稳定增长"，培训期数在 2010 年达到最高（41454 期）。与此同时，全国接受水产技术培训的渔民人数也在不断增加，2000 年水产技术培训人次仅为 1638213 人次，随后呈现保守性发展，2006 年水产技术培训渔民人数首次突破 2200000 人次，至 2010 年，接受水产技术培训的渔民人数高达 3292483 人次，为 17 年最高。但 2010 年之后，培训次数和接受培训的人次均呈现出下降趋势，2017 年培训次数降至 15894 期，培训人数为近 17 年最低的 1072137 人次。究其原因，发现近年来由于水产技术推广机构信息平台多样性不断增加所致。2017 年，全国共开通水产公共网站 701 个，手机平台达 4821 户，水产技术电话热线 41045 条，相关水产技术简报2161个。总而言之，随着科技与信息化的高速发展，渔民接受水产技术的路径日益增多，由过去的单一型技术采纳向多元化技术采纳方式转变，渔民学习新型水产技术的方式从一定程度上有利于水产技术推广，也从很大程度上推动了渔业的长远发展。2018年，由全国水产技术推广总站、中国水产学会制定的工作要点中也明确指出，必须加快推进"智能渔技"信息化平台建设，实现互联互通，数据共享。

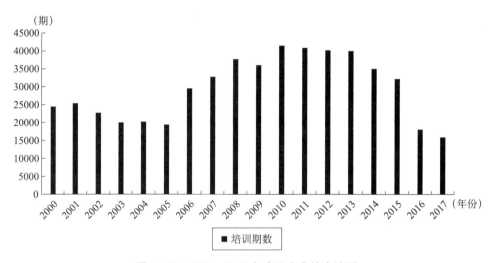

图3-10 2000~2017年我国水产技术培训

资料来源：《中国渔业统计年鉴》（2001~2018年）。

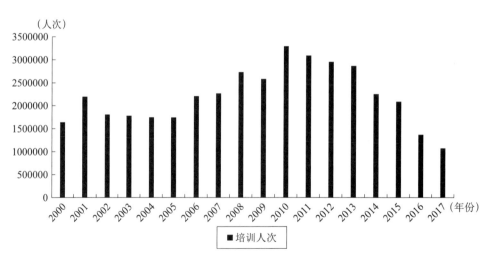

图3-11 2000~2017年我国水产技术培训人次

资料来源：《中国渔业统计年鉴》（2001~2018年）。

五、水产技术推广运行机制现状

我国的水产技术推广体系是实现水产技术成果转化为现实生产力的关键，也是促进渔业增效、渔民增收的重要途径。我国的水产技术推广体系（见图3-12）是以政府推广机构为主导、多元化推广组织协调推广的"政府主导型"推广体系，整体由中央、省、市、县、乡5级水产技术推广站构成，县、乡级水产技术推广站是基层水产技术推广体系的主要构成。农业农村部是水产技术推广体系的主导，农业部渔业渔政管理局科技与质量监管处具体负责组织实施渔业科研、技

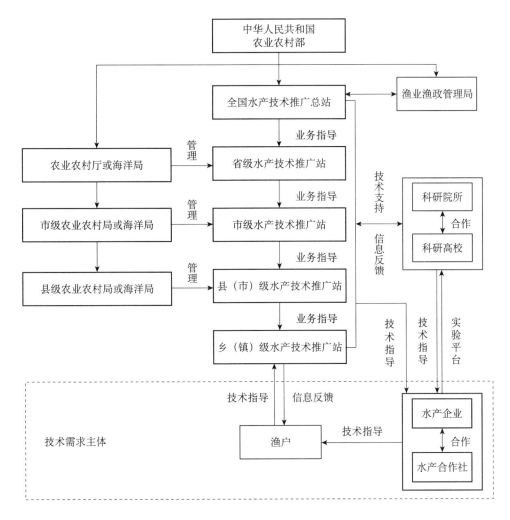

图3-12 我国水产技术推广运行机制

术推广、成果转化的规划和计划工作，拟定并组织实施渔业有关标准和技术规范，指导渔业标准化工作和水产品技术性贸易措施的官方评议。我国的水产技术推广体系采取"自上而下"的管理方式，其行政工作和推广经费由本级海洋与渔业厅（或水产局）负责管理，水产技术工作由上一级水产技术推广站负责指导。现实中，水产技术推广总站将水产技术需求信息及时反馈给水产科研教育机构，同时采取"自上而下"的方式传递给各级水产技术推广站，各级水产技术推广机构选取适合本地区的水产技术成果，由基层水产技术推广部门负责推广。

第四章　我国沿海地区水产技术推广效率分析

水产技术推广效率是指水产技术推广机构通过科学推广方式实现水产技术有效传播的程度，也是衡量水产技术推广效果的重要标准之一。现实中，水产技术推广主体将先进与实用的水产技术通过水产技术推广人员推广给有技术需求的渔户，渔户通过采纳先进的水产技术实现水产品产量的增产增收，即通过水产技术有效供给满足水产技术有效需求的方式实现水产技术推广效率的提高，这是推动渔业长效发展的关键，也是衡量水产技术推广体系发展建设的试金石。本章将基于技术供给角度对我国沿海地区水产技术推广效率进行测度，探究水产技术推广体系各要素对沿海地区水产技术推广效率的影响关系，着重从技术供给方的角度剖析我国沿海各地区水产技术推广效率，把握沿海各地区的水产技术推广体系发展的不足，以期为沿海地区水产技术推广体系的优化提供相应的借鉴。

第一节　原始数据来源与研究方法选择

一、原始数据来源

基于指标选取和数据的可获得性，原始数据主要源于 2006～2018 年《中国渔业统计年鉴》，选取我国沿海地区 11 个省份（港澳台地区除外）作为样本地区，分析我国沿海地区水产技术推广效率的时空演变现实。相关指标体系选取 2 个产出变量、6 个投入变量和 4 个环境变量。

（一）产出变量

水产技术推广效率的产出变量选取沿海各地区水产品产量与水产技术培训人次。具体而言，水产养殖业产量是水产技术推广效率的间接产出指标，渔民在接受政府水产技术推广机构有关培训与指导后，可以将所学专业知识与技术运用到实际生产当中，从而提升养殖产量，比较而言，各地区水产品产量同水产品产值相比受物价影响更小，凸显研究价值，具有一定的研究意义。

（二）投入变量

投入变量的选取主要基于供给主体视角，主要选取水产技术推广站数量、水产技术推广经费、水产技术推广人员数量、水产技术推广资料数量、渔民培训期数与水产技术推广站热线电话数量六项指标。其中，水产技术推广站作为水产技术推广工作的责任基础，水产技术推广工作的大部分职责均是依赖水产技术推广站这一主体进行，水产技术推广经费是水产技术推广体系稳定长期运行的物质基础，水产技术推广人员是水产技术传播与扩散的执行基础，水产技术推广资料是水产技术推广过程中不可或缺的重要媒介，渔民培训期数则反映了水产技术推广工作在实际投入中的规模大小，最后，水产技术推广站热线电话数量体现了水产技术推广站与渔民之间的有效沟通与信息传播渠道的扩展。上述六项指标既是我国水产技术推广体系的重要构成，也是推动水产技术推广工作顺利开展的核心因素。

（三）环境变量

在三阶段DEA模型中，环境变量的选取一般应具备两个特点，第一，环境变量对水产技术推广的投入产出效率影响应显著；第二，环境变量自身难以被每一个DMU个体影响。具体而言，本书主要选取水产技术推广网站数量、水产技术推广手机平台数量、渔民人均收入与渔业自然灾害受灾面积四项指标。其中，水产技术推广网站数量是"互联网+"大背景下水产技术推广工作的新兴媒介，具有社会化强、信息传播快、信息传播成本低等特点，且受到政府推广机构的影响相对较小，对水产技术传播与推广有重要的促进作用。水产技术推广手机平台数量则重点反映了在移动互联网迅猛发展下，水产技术推广手段的革新与创造性，手机平台的技术信息传播具有扩散灵活、高效、便捷等特点，在水产技术推广的时间工作中具有越发重要的地位与作用。渔民人均收入是渔民学习、采纳与接受新型水产技术、引进新设备与生产资料的重要物质基础，对水产技术推广效率具有重要影响。渔业自然灾害受灾面积主要是指渔民受台风、洪涝、病虫害、干旱、污染等因素影响水产养殖生产的指标，该指标对水产技术推广效率具有负向的影响作用。

2006~2017年我国沿海地区水产技术推广投入产出的描述性统计如表4-1所示。

表 4 - 1　2006 ~ 2017 年我国沿海地区水产技术推广投入产出的描述性统计

项目	单位	均值	标准差	最大值	最小值	观测值个数	横截面个数
养殖产量	吨	2624304	2054156	122750	6897815	132	12
培训人次	人	80370.79	95746.34	3174	436287	132	12
推广站	个	533.947	390.9014	16	1236	132	12
推广经费	万元	8717.699	23459.76	217	269865.7	132	12
推广人员	人	1402.735	1038.001	79	4282	132	12
培训期数	期	1043.992	1199.235	10	5429	132	12
热线电话	个	5383.144	12346.92	7	55927	132	12
推广资料	份	255737.9	302164.4	10180	1711244	132	12
推广网站	个	31.41667	35.14193	1	169	132	12
手机平台	个	24327.67	33533.8	19	159068	132	12
人均收入	元	13964.45	5271.704	5048	28504.68	132	12
受灾养殖面积	万亩	35097.81	44949.29	0	280481	132	12

资料来源:《中国渔业统计年鉴》(2007 ~ 2018 年)。

二、研究方法选择

现代效率的测量是由 Farrell(1957)在他人方法的基础上提出的,该方法是基于多投入角度测度效率的一种方法,其具体分为技术效率和配合效率。该方法将经济效率分为两部分——技术效率和配合效率。技术效率是指在既定的产出下实现投入要素最小化的水平,即衡量固定投入下产出极大化水平。在现实中,常用来测度技术效率的方法主要包括数据包络分析(DEA)和随机前沿分析(SFA)两种。当前,国内外学者针对这两种方法进行了大量的实证研究,就其适应性问题进行了总结,观点主要分为三种:DEA 方法的结论优于 SFA 方法;DEA 方法与SFA 方法得到结论基本一致,应加强两者的结合从而增加评价结论的客观性;DEA方法和 SFA 方法适合于各自领域,未来发展应探究各自适合的领域。

综上所述,DEA 方法和 SFA 方法各有不同,必须根据现实情况进行合理选择。本章采取将随机前沿分析模型与传统 DEA 模型相结合的三阶段 DEA 方法,在我国沿海地区相关面板数据的基础上,运用三阶段 DEA 方法有效地避免了跨年效率值不在同一前沿面下的问题。

第二节　基于三阶段 DEA 法的水产技术推广效率分析

一、随机前沿模型介绍

随机前沿模型(Stochaastic Frontier Analysis,SFA)最早由 Aigner、Lovell 和

Schmidt（1977）与 Meeusen 和 Broeck（1977）提出，Kumbhakar（2000）等予以完善。其函数一般表示为：

$$Y_{it} = f(X_{it};\beta) + (V_{it} - U_{it}) \tag{4-1}$$

在公式（4-1）中，Y_{it} 表示第 i 个地区在 t 时期的产出值；$f(X_{it};\beta)$ 表示假定的生产函数；X_{it} 表示第 i 个地区在 t 时期的不同投入要素的组合，β 为待估参数；V_{it} 表示第 i 个地区在 t 时期的随机误差项，服从 N（0，σ_v^2）分布且服从独立同分布（$i.i.d$）；U_{it} 表示第 i 个地区在 t 时期技术无效的非负随机变量，$U_{it} \geq 0$ 且服从 $u_{it} - N^+$（m_{it}，σ_u^2）的截断正态 x 分布（Truncations at zero of the Normal distribution），V_{it} 和 U_{it} 互为独立不相关。其中，$m_{it} = \delta_0 + \delta_1 + \delta_2 + \delta_3$ 是无效率函数，表示其他影响因素，δ_i 为待估参数，反映其他因素对技术效率的影响。对公式（4-1）进行对数化处理后，其表达形式转变为：

$$\ln(Y_{it}) = \beta_0 + \beta_1 \ln(L_{it}) + \beta_2 \ln(K_{it}) + \beta_3 \ln(L_{it})^2 + \beta_4 \ln(L_{it})^2 +$$
$$\ln(L_{it})\ln(K_{it}) + (V_{it} - U_{it}) \tag{4-2}$$

在公式（4-2）中，i 表示第 i 个省份，t 表示年份；Y_{it} 为各省的 GDP，L_{it} 表示各省的劳动力；K_{it} 表示各省的经费投入；其他参数和变量同上文所述。与此同时，利用最大似然估计（ML）可获得各变量的估计值，基于 ML 估计值的一致性和渐进有效性，定义 TE 为技术效率指数，第 i 在第 t 时期的技术效率可用公式表示为：

$$TE_{it} = exp(-U_{it}) \tag{4-3}$$

在公式（4-3）中，若 $U_{it} = 0$，则 $TE_{it} = 1$，即处于技术效率状态；若 $U_{it} > 0$，则出现 $0 < TE_{it} < 1$，即技术非效率状态。

随着 SFA 技术研究的不断深入发展，Battese 和 Coelli（1995）提出了 BC 模型，由此扩大了 SFA 的技术应用范围，影响技术非效率的因素也可以进行分析。在 BC 模型中，U_{it} 被假设为时间的指数函数：

$$U_{it} = u_i exp \mid -\eta(t-T) \mid \tag{4-4}$$

在公式（4-4）中，η 为衰减系数，是唯一的待估参数。u_i 是非误差项，是指每个地区产出必须位于其前沿生产函数下面，管理无效率项偏差受环境影响因素而产生。参数 η 是技术效率随时间变化而变化的程度。若 $\eta = V_{it} - U_{it} = 0$，表示技术效率不受时间的影响而改变；若 $\eta > 0$，则表示技术非效率随时间的变化而改变。

关于 SFA 的检验零假设为模型中没有技术无效率作用，可以通过检验零假设和备择假设进行检验，具体检验公式表示为：

$$\gamma = \frac{\sigma_u^2}{\sigma_u^2 + \sigma_v^2} \qquad (4-5)$$

在公式（4-5）中，γ 表示技术非效率项占负荷扰动项的比重（最大似然估计参数），σ_u^2 和 σ_v^2 分别表示技术效率方差和随机误差方差。若零假设不能被拒绝，若 $\gamma = 0$ 时，则 $\sigma_u^2 = 0$，即技术非效率不存在，直接用 OLS 法即可；若 $\gamma = 1$ 时，表明不存在随机扰动项，实际观测值对生产前沿面的偏离完全由技术非效率导致。一般情况下，若 $0 < \gamma < 1$ 时，即技术非效率项和随机扰动项共同造成生产单元对技术效率前沿面的偏离。

二、数据包络模型介绍

数据包络分析（Data Envelopment Analysis，DEA）是以效率为基础提出的一种效率评价法，其主要采用数学规划，利用可观有效样本数据对决策单元（Decision Making Unites，DMU）进行生产有效性评价，将所有决策单元的投入和产出项作为边界。当某个 DMU 落在边界上时，表示 DMU 有效；当 DMU 落入边界内时，表示 DMU 无效。因此，通过设定 0 ~ 1 为绩效指标，表示产出不变时可减少投入或投入不变时增加产出。DEA 方法常用的模型主要有两种：CCR 模型和 BC^2 模型。CCR 模型是由 Charnes、Cooper 和 Rhodes（1978）提出的不变规模报酬模型（CRS 模型）；BC^2 模型是由 Banker、Charnes 和 Cooper（1984）提出的可变报酬规模假设下的 DEA 模型（VRS 模型），其又分为投入导向和产出导向两种。

BCC 模型将综合技术效率（TE）分为纯技术效率（PE）和规模效率（SE），具体公式如下：

$$\begin{cases} Min\theta \\ s.\,t. \\ \sum_{j=1}^{n} \lambda_j x_j \leqslant \theta x_0 \\ \sum_{j=1}^{n} \lambda_j x_j \geqslant y_0 \\ \sum \lambda_j = 1 \end{cases} \qquad (4-6)$$

在公式（4-6）中，设有 n 个决策单元 DUM_j，每个决策单元有 m 项投入 x_{1j}，x_{2j}，$\cdots$，x_{mj} 和 s 项产出 y_{1j}，y_{2j}，$\cdots$，y_{sj}（其中 x_{ij}，$y_{ij} > 0$），λ_j 是各地区投入

和产出的权向量。对于投入主导型的 BC^2 模型而言，每个决策单元 DUM_j 都有相应的效率评价指数 θ。其中，$j \geq 0$，$j = 1, 2, \cdots, n$。该公式核算出各地区水产技术推广的纯技术效率（PTE），去掉凸性假设求解得到的是各地区水产技术推广的技术效率值（TE）。

在 DEA 方法中，通过 Malmquist-DEA 方法测度 Malmquist 全要素生产率，该方法是由瑞典经济学家 Sten Malmquist 在 1953 年最早提出的，Cave 等在 1982 年将该指数应用于生产效率变化的测算，Fare（1989）等构造了从 t 期到 $t+1$ 期的 Malmquist 生产效率指数 $M(x^{t+1}, y^{t+1}, y^t)$，以观察测度技术效率变动、技术效率变动和全要素变动之间的关系。

$$M(x^{t+1}, y^{t+1}, y^t) = \left[\frac{D^t(x^{t+1}, y^{t+1})}{D^t(x^t, y^t)} \times \frac{D^{t+1}(x^{t+1}, y^{t+1})}{D^{t+1}(x^t, y^t)} \right]^{\frac{1}{2}} \quad (4-7)$$

在公式（4-7）中，$D^t(x^t, y^t)$，$D^t(x^{t+1}, y^{t+1})$ 分别是以 t 期的技术为参考，即以 t 期的数据为参考集时 t 期和 $t+1$ 期的决策单元的距离函数；$D^{t+1}(x^{t+1}, y^{t+1})$ 和 $D^{t+1}(x^t, y^t)$ 含义类似。

Fare 等（1994）在 VRS 的假设下，将 Malmquist 生产力指数分解为技术指数效率变化（effch）和技术变化（techch）两部分，而技术效率变化分为纯技术效率变化（pech）和规模效率（sech）变化。因此，公式（4-7）可以进一步分解为：

$$M(x^{t+1}, y^{t+1}, y^t) = \frac{D^{t+1}(x^{t+1}, y^{t+1} \mid VRS)}{D^t(x^t, y^t \mid VRS)} \times \frac{D^{t+1}(x^{t+1}, y^{t+1} \mid CRS)}{D^{t+1}(x^{t+1}, y^{t+1} \mid VRS)} \times$$

$$\frac{D^t(x^t, y^t \mid VRS)}{D^t(x^t, y^t \mid CRS)} \times \left[\frac{D^t(x^{t+1}, y^{t+1})}{D^{t+1}(x^t, y^t)} \times \frac{D^t(x^t, y^t)}{D^{t+1}(x^t, y^t)} \right]^{\frac{1}{2}}$$

$$= pech \times sech \times techch \quad (4-8)$$

在公式（4-8）中，$M(x^{t+1}, y^{t+1}, x^t, y^t) > 1$ 表示生产效率水平提高；反之，表示生产效率水平降低。techch 表示从 t 期到 $t+1$ 期技术生产边界的推移程度，techch > 1 时，表示技术进步，反之表示技术退步；effch 表示从 t 期到 $t+1$ 期相对技术效率的变化程度，当 effch > 1 时，表示 DMU 在 $t+1$ 期与 $t+1$ 期前沿面的距离相对于 t 期与 t 期前沿面的距离较近，即效率提高，反之效率降低。当 pech > 1 时，表示管理的改善促使效率发生了改进；反之相反。从长期来看，sech > 1 表示 DMU 向最优规模靠近；反之相反。

Fried 等（2002）对传统 DEA 模型进行了优化，将随机前沿分析模型（Stochastic Frontier Approach，SFA）同传统 DEA 模型相结合，有效地解决了传统

DEA 模型中无法过滤环境变量、管理无效率项和随机误差项的问题。Fried 等研究认为，三阶段 DEA 方法更适合于横截面上的决策单元（DUM），能够有效解决各 DUM 差异化问题。本研究为更好地分析我国沿海地区水产技术推广面板数据，运用面板三阶段 DEA 方法，有效地解决了跨年效率值不在统一前沿面下的问题。以下是三阶段 DEA 模型的具体操作方法：

（一）第一阶段：基于原始投入与产出变量的传统 *DEA*

本阶段以原始投入与产出数据为基础，运用 *DEA-BCC* 模型来处理规模报酬可变假设下 *DMU* 有效性问题，将不同年份的 *DMU* 数据进行调整，统一为截面数据，即将不同年份的相同 DMU 视为不同的 DMU，计算出的效率值为技术效率值（*TE*）、纯技术效率（*PTE*）、规模效率（*SE*）和投入（或产出）松弛值。假设评价 n 个 *DMU*，包括 m 个投入变量和 s 个产出变量，Y_k 表示第 k 个 DMU 的技术效率，y_{rk} 表示第 k 个 DMU 的第 r 个产出变量，x_{ik} 表示第 k 个 DMU 的第 i 个投入变量，λ_r 和 θ_i 分别表示第 r 个产出变量和第 i 个投入变量的权重系数，μ_k 表示第 k 个 DMU 的规模报酬。

模型具体可表示为：

$$Max\ Y_k = \sum_{r=1}^{s} \lambda_r y_{rk} - \mu_k (r = 1,2,\cdots,s; k = 1,2,\cdots,n)$$

$$s.t. \sum_{i=1}^{m} \theta_i x_{ik} = 1 (i = 1,2,\cdots,m)$$

$$\sum_{r=1}^{s} \lambda_r y_{rk} - \sum_{i=1}^{m} \theta_i x_{ik} - \mu_k \leqslant 0$$

$$\lambda_r, \theta_i \geqslant 0 \tag{4-9}$$

（二）第二阶段：应用 SFA 方法提出环境因素和随机误差的影响

在第一阶段得到的松弛值是每个 DMU 与处于效率前沿面 DMU 投入（或产出）值比较之后的差额，受环境变量、管理无效率项和随机误差项的共同作用，因此，在本阶段运用 SFA 方法对松弛变量进行分析，构建相应公式如下：

$$S_{ik} = f^i(z_k; \beta^i) + v_{ik} + u_{ik} \tag{4-10}$$

在公式（4-10）中，S_{ik} 为第 k 个 DMU 第 i 个投入变量的松弛变量；$f^i(z_k; \beta^i)$ 表示环境变量对松弛变量的影响，$z_k(z_{1k}, z_{2k}, \cdots, z_{pk})$ 是 p 个可观测环境变量，参数向量 β^i 是未知待估参数；$v_{ik} + u_{ik}$ 为组合误差项，v_{ik} 表示随机误差，假设 $v_{ik} \sim N(0, \sigma_{vi}^2)$，$u_{ik}$ 是管理无效率项。

对公式（4-10）计算得到的回归结果进行调整，使所有 DUM 调整至相同环境下，剔除随机干扰项，得到最终实际投入值。公式如下：

$$\hat{x_{lk}} = x_{ik} + [max_k(z_k + \hat{\beta^l}) - z_k\hat{\beta^l}] + [max_k(\hat{v_{lk}}) - \hat{v_{lk}}] \quad (4-11)$$

在公式（4-11）中，$\hat{x_{lk}}$ 和 x_{ik} 分别是调整后与调整前的投入值；$\hat{\beta^l}$ 是环境变量的待估系数；$max_k(z_k + \hat{\beta^l}) - z_k\hat{\beta^l}$ 表示把所有 DMU 调整到相同环境条件；$max_k(\hat{v_{lk}}) - \hat{v_{lk}}$ 表示把所有决策 DMU 随机误差项调整到相同状态，剔除偶然性因素影响。

（三）第三阶段：对调整后投入与产出变量进行 DEA 分析

第三阶段利用 DEA 模型，将原始投入值和前面两阶段所得调整值作为新的投入与产出，将所有时间置于统一前沿面，计算每个 DMU 的效率值。此时，该效率只受管理无效率项影响，其他两个影响因素已被调整，有效地提高了测算效率值的准确性。与此同时，为更好地反映我国沿海地区水产技术推广效率的变动差异程度，运用变异系数探究其水产技术推广效率的变动差异程度。计算公式如下：

$$V = \sqrt{\frac{\sum_{i=1}^{n}(X_i - X)^2}{n}}/X \quad (4-12)$$

在公式（4-12）中，V 是变异系数；X_i 是沿海各省份水产技术推广效率样本值；X 是沿海各省份水产技术推广平均效率；n 是样本地区数量。V 值越大，表明沿海各省份之间水产技术推广效率差异越大，均衡性较强；V 值越小，表明沿海各省份之间水产技术推广效率差异越小，均衡性越好。在时间序列上，V 值可以用来衡量我国沿海地区水产技术推广效率发展存在扩大或趋同的态势。

三、实证结果分析

（一）第一阶段 DEA 结果分析

运用 DEAP 2.1 软件对上述数据进行计算，列出我国沿海地区 11 个省级行政单位的水产技术推广效率与规模报酬如表 4-2 所示。

表 4-2　一阶段 DEA 模型结果

地区	综合技术效率	纯技术效率	规模效率	规模报酬
辽宁	1.000	1.000	1.000	—
天津	0.805	1.000	0.805	irs
河北	1.000	1.000	1.000	—

续表

地区	综合技术效率	纯技术效率	规模效率	规模报酬
山东	1.000	1.000	1.000	—
江苏	1.000	1.000	1.000	—
上海	1.000	1.000	1.000	—
浙江	1.000	1.000	1.000	—
福建	1.000	1.000	1.000	—
广东	0.968	1.000	0.968	drs
广西	0.966	1.000	0.966	drs
海南	1.000	1.000	1.000	—
平均值	0.976	1.000	0.976	—

在第一阶段未考虑环境变量的影响下，我国沿海地区水产技术推广效率整体相对较好，11 个省市综合技术效率均值为 0.976，纯技术效率均值为 1.000，规模效率均值为 0.976。其中，辽宁、河北、山东、江苏、上海、浙江、福建七省市综合效率值为 1.000，处于规模报酬不变阶段。其余各个省市的纯技术效率值均小于 1.000，存在不同程度的提升与改进空间，其中，广东与广西两省处在规模效率递减阶段，天津市处在规模效率递增阶段。现实中，上述结果由于受到环境变量与随机误差项的影响相对较大，因此，无法真实反映出我国沿海省份水产技术推广效率的真实水平，因而需要进行进一步的调整与测算。

（二）第二阶段 SFA 回归结果分析

将第一阶段得到的 DUM 中各个投入变量的松弛变量作为被解释变量，将表 4 - 3 中的水产技术网站数量、水产技术推广手机平台数量、渔民人均收入与渔业自然灾害受灾面积这四个环境变量作为解释变量。运用 Frontier 4.1 软件计算 SFA 回归结果，如表 4 - 3 所示，上述四个环节变量对 6 个松弛变量的系数均大多通过了显著性检验，说明外部环境因素对我国沿海地区水产技术推广冗余存在较为显著的影响。

表 4 - 3　二阶段 SFA 回归结果

变量	推广站数量松弛变量	推广经费投入松弛变量	推广人员数量松弛变量	培训期数松弛变量	热线电话松弛变量	推广资料数量松弛变量
常数项	（- 3.8253）***	（- 383.1541）**	（- 35.2096）*	（52.9032）***	（- 572.5305）***	（12320.461）***
	26.7085	475.9448	92.2836	28.5402	1.0158	1.0003
推广网站	（0.1729）***	（3.8794）*	（0.5052）*	（- 0.9918）	（- 2.9734）***	（431.2972）***
	0.3223	5.5452	1.0072	0.6125	13.3199	1.0186
手机平台	（0.0001）**	（0.0042）*	（0.0002）*	（- 0.0002）	（- 0.003）	- 0.1032
	0.0003	0.0047	0.0009	0.0006	0.0121	0.2188

续表

变量	推广站数量松弛变量	推广经费投入松弛变量	推广人员数量松弛变量	培训期数松弛变量	热线电话松弛变量	推广资料数量松弛变量
人均收入	(−0.0001)**	(0.0121)**	−0.0027	(−0.0031)*	(0.03179)*	(−0.9823)*
	0.0015	0.0269	0.0050	0.0004	0.0397	0.9177
受灾养殖面积	(−0.0002)*	(−0.0021)*	(−0.0009)*	(−0.0003)	(−0.0019)*	(−0.1693)
	0.0002	0.0034	0.0007	0.0004	0.0086	0.1706
Sigma-Squared	(9159.429)***	(2960591.9)***	(98260.787)***	(37590.295)***	(16464331)***	(6378523300)***
	1.1426	1.3228	1.1494	0.9885	1.0000	1.0000
Gamma	(0.2998)***	(0.2866)***	(0.2719)***	0.0000	−0.0890	−0.0060
	0.0860	0.0844	0.0920	0.0011	0.0797	0.0323

注：*、**、*** 分别表示在10%、5%和1%的水平上显著。

当环境变量对松弛变量的系数为负值时，表明增加环境变量赋值会引起松弛变量赋值的下降，也就是说，此时能够达到节省投入成本或扩大产出的效果。当其系数为正时，将使投入浪费或产出减少。

1. 水产技术网站数量

计算结果显示，水产技术推广网站数量对推广站数量、推广经费投入总量、推广人员数量与推广资料数量四项投入的冗余量存在相对显著的正向影响，对于水产技术推广热线电话数量与培训期数的冗余量存在一定的负向影响。具体而言，在"互联网＋"的大背景下，水产技术网站的推广与广泛使用，能够使更多的渔民使用互联网更加迅速与及时地了解和掌握基础性的水产技术，同时能够自发学习更先进的水产技术，使渔民的生产技术需求在一定程度上得到满足与解决。与此同时，一方面，由于水产技术推广机构更加侧重与多数渔民所需要的基础性技术的推广，从而在一定程度上导致水产技术供求契合度相对不高等问题；另一方面，渔民通过水产技术推广网站自发学习一定的水产技术后，将具有进一步学习更加先进与更具有实践价值的水产技术，从而促使渔民对渔业技术推广的综合性投入需求上升。而推广网站的广泛应用，将对于存在一定竞争性的水产技术推广热线电话与实地培训的需求下降，现实中，水产技术推广站在实践过程中大多以专家现场授课等方式进行，宣传媒介大多为纸质资料，随着推广网站的不断深入使用，将在一定程度上加深传统技术推广渠道与新媒体推广方式的效率差距，从而导致一定程度上传统媒介在水产技术推广过程中技术信息扩散的相对滞后与相对低效率运行。

2. 手机平台数量

计算结果显示，水产技术推广手机平台数量对水产技术推广站数量、推广经费投入与推广人员数量三项投入的冗余量存在较为显著的正向影响，对于培训期数、热线电话数量与推广资料数量存在相对显著的负向影响。具体而言，随着新媒体技术等新兴技术推广平台的广泛使用，促使渔民在学习和使用相对先进水产技术的过程中更加容易和便捷，从而在一定程度上减少了对于侧重于传统推广方式的水产技术推广站的需求，因此，导致了水产技术推广机构、推广经费的使用与推广人员这三项投入量的相对低效率。手机推广平台等新媒体技术的广泛运用，加深了渔民在移动互联网迅猛发展背景下对于先进水产技术的接触与了解机会，从而在实地培训的过程中能够相对更有效率地学习水产技术知识。一方面，手机平台与推广网站等新兴平台在一定程度上对传统的纸质媒介的广泛使用造成了冲击；另一方面，也使传统的纸质媒介投入能够更加集中在专业化与深刻的技术资料上，实践中，技术内容相对较少的宣传与推广资料被手机平台与推广网站取代后，纸质媒介在水产技术推广中起到的作用将越发关键。手机平台的广泛运用在加深渔民对水产技术推广的认知过程中，能够促进广大渔民对于水产技术培训的认知与了解，水产技术专家的实地培训能够在手机平台等更加迅速高效的宣传媒介下获得更加优质的宣传效果，从而使水产技术推广机构在实地技术指导过程中产生更高的技术效率。手机平台的广泛运用，使渔民同水产技术推广机构的联系越发紧密，水产技术推广系统的热线电话等使用频率会随着水产技术推广手机平台的广泛使用而提升。

3. 渔民人均收入

经过计算，渔民人均收入对于水产技术推广经费投入与热线电话的数量两项指标的投入冗余量存在正向影响。对水产技术推广站数量、推广人员数量、培训期数与推广资料数量的投入冗余量存在负向影响。具体来说，对于水产技术推广的实践过程而言，渔民的人均收入的增长是对水产技术推广最终成果的重要检验，也是水产技术推广工作得以持续有效开展的重要保证。随着渔民收入的增加与市场化的水产技术产品的配套与普及，更多渔民将倾向于采纳此类技术与服务，使渔民对公益类的基础性技术与服务的需求降低，影响水产技术推广主体的整体运营效率，从而在一定程度上对传统的水产技术推广途径产生影响。随着渔民人均收入的提升与对水产技术需求的越发旺盛，人均收入的提升将在一定程度上增加对新兴技术的需求，人均收入的上升将在一定程度上促使渔民对更加先进与具有实践价值的技术的需求，渔民对于水产技术推广资料、水产技术推广培训的积极性与主动性将随着收入水平的上升而增加，而技术需求的上升将促使水产技术推广体系增加其对推广站与人员投入以满足渔民越发旺盛的技术需求。但与此同时，渔民人均收入的增加能够使广大渔民有能力在一定程度上负担起水产技术推广的部分成本，使现有的推广经费投入的使用效率相对下降。

4. 水产养殖受灾面积

计算结果显示，该变量对水产技术推广站的数量、推广经费的投入、推广人员数量、培训期数、热线电话与推广资料数量的冗余量均呈现出相对显著的负向影响。这说明，在其他条件不变的情况下，水产养殖所遭受的灾害状况同广大渔民对水产技术需求呈现出相对显著的正向影响。具体而言，水产养殖所遭受的灾害能够在一定程度上增加广大渔民的防灾减灾意识，提升渔民对于水产养殖灾害的防护与风险控制技术的需求总量，从而提升水产技术推广系统整体的技术推广效率。此外，水产养殖灾害对广大渔民收入与生产产出所造成的负面影响能够在一定程度上促进渔民做出对于新兴技术的采纳决策，具体而言，渔民在遭受自然灾害后所产生的收入减少，且在一定程度上形成对渔民收入增加欲望的激励，在这种激励作用下，渔民将更加容易地倾向于选择技术含量更高、收益更可观的水产技术进行水产品的生产，从而在整体上增加渔民对水产技术的需求。在自然因素和人为因素影响下政府相关部门和水产技术推广机构自身也会在一定程度上增加对水产养殖受灾情况的重视程度，从宏观政策、灾害预警与环境保护治理等方面加强监管，水产技术推广机构所获得的资源投入将会有增加的趋势，从而在一定程度上增加了水产技术推广的工作效率。

（三）第三阶段投入调整后的 DEA 结果分析

在第三阶段 DEA 效率测度中，运用 DEAP 2.1 软件将调整后的投入数据与原始产出数据导入软件重新计算，经调整后我国沿海 11 个省份的综合技术效率、纯技术效率与规模效率如表 4-4 所示。

表 4-4　三阶段 DEA 模型结果

地区	综合技术效率	纯技术效率	规模效率	规模报酬
辽宁	0.976	1.000	0.976	—
天津	0.444	1.000	0.444	irs
河北	1.000	1.000	1.000	—
山东	1.000	1.000	1.000	—
江苏	1.000	1.000	1.000	—
上海	1.000	1.000	1.000	—
浙江	0.863	0.926	0.932	drs
福建	1.000	1.000	1.000	—
广东	0.932	1.000	0.932	drs
广西	1.000	1.000	1.000	—
海南	1.000	1.000	1.000	—
平均值	0.931	0.993	0.937	—

从表4-4中可以看出，在剔除环境因素与随机干扰项之后，我国沿海地区综合技术效率值从0.976下降到0.931；纯技术效率值从1下降到0.993；规模效率值从0.976下降到0.937。这表明各个地区的水产技术推广综合效率在经过剔除环境因素与随机干扰之后呈现出了下降的态势，第一阶段综合技术效率、纯技术效率与规模效率值受到环境因素与随机干扰的影响较为显著；我国沿海地区11个省市水产技术推广效率主要依靠水产技术推广体系自身的运营与管理。从整体来看，提出环境因素与随机干扰项后，综合技术效率值的轻微下降反映出我国沿海地区水产技术推广效率受到渔民人均收入等环境变量的影响较为显著，此外，也在一定程度上反映出现阶段我国沿海地区水产技术推广体系内部管理与运营过程中存在着不同程度的提升空间。从规模效率来看，我国沿海大部分省市处在规模效率不变的状态，换句话说，在技术条件不变的前提下，我国沿海地区水产技术推广体系的投入处在相对饱和的状态，单位投入所产生的产出量处于相对稳定的态势。从省市的角度来看，剔除环境变量与随机干扰项后，天津、浙江、广东三个省市的综合技术效率、纯技术效率与规模技术效率呈现出了下降的趋势，而广西壮族自治区的综合技术效率、纯技术效率与规模技术效率存在一定的上升幅度，以下是我国沿海地区各个省市第三阶段结果的详细分析，如图4-1、图4-2、图4-3所示。

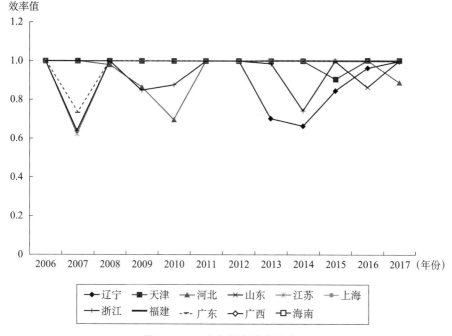

图4-1　三阶段综合技术效率

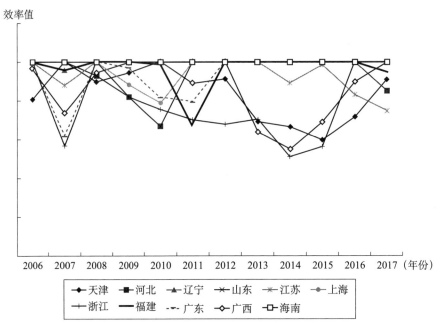

图 4 - 2 三阶段纯技术效率

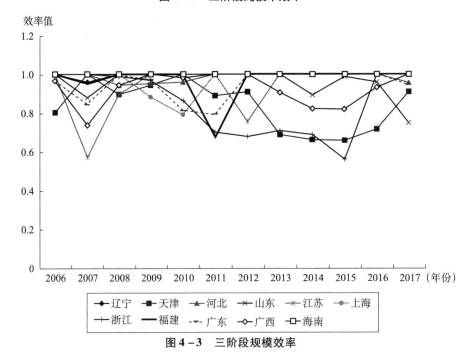

图 4 - 3 三阶段规模效率

在沿海地区中，辽宁、河北、山东、江苏、上海、福建和海南七个地区的水产技术推广综合效率与规模效率在调整后保持不变，浙江省水产技术推广纯技术效率在调整后有所上升,天津、浙江、广东的水产技术推广综合效率与规模效率在调整后有相对明显的上升情况,而广西壮族自治区调整后的纯技术效率与规模效率均有下降。上述样本省市中,首先是天津市的变化幅度最大,变动率接近100%,说明环境变量与随机扰动因素对天津市的水产技术推广效率水平有相对显著的影响;其次是浙江省的纯技术效率值的变动,调整前后浙江省的变动幅度接近15%。整体而言,环境变量与随机干扰项对我国沿海大部分地区水产技术推广效率的影响相对较小,对于部分省市而言,水产技术推广效率深受环境变量与随机干扰项的影响。

辽宁省是我国东北地区唯一临海的省份,其南临渤海和黄海,海域面积为15.02万平方千米,大陆海岸线总长约2178千米,岛屿海岸线长达622千米。辽宁省近海共有506个小大岛屿,岛屿面积为187.7平方千米。辽宁省境内约有390余条河流,总长达16万千米,其主要有辽河、浑河、大凌河、太子河、绕阳河和鸭绿江,从而构成了辽宁省的主要水系。辽宁省水产资源丰富,水产品资源多达520余种,有利于辽宁地区渔业的发展。渔业的有效发展离不开水产技术的高效推广,辽宁省水产技术推广总站从技术推广、水产品质量安全监测和水产养殖病害防治等方面不断加强水产技术推广工作,水产技术的有效供给满足了辽宁渔民的水产技术需求。2006~2017年,经过调整后的综合技术效率、纯技术效率与规模技术效率值均为1.00,这表明,从整体来看,辽宁省水产技术推广体系的运营与管理水平相对较高,且处在规模报酬不变的状态下。从时序格局来看,2006~2017年,辽宁省无论是综合技术效率还是纯技术效率与规模技术效率均保持在1.00,辽宁省运用其丰富的渔业资源与相对优越的自然地理环境,通过水产技术推广体系的稳定运营与管理,使辽宁省的广大渔民通过渔业生产切实提升了收入与生活水平。

天津市是我国北方经济中心与航运中心,地跨海河两岸,其海河上游具有10千米以上的支流就多达300条,天津有19条一级河道,总长约为1095千米,另有二级河道1061条,总长度约为1363千米。天津市规模较大的湖泊主要有翠屏湖、七里海等,湖内盛产鱼虾,鲤鱼、元鱼和鲫鱼是天津淡水渔业的主要构成。与此同时,天津东南濒临我国渤海海域,海洋渔业同淡水渔业一同构成了天津地区的渔业。2006~2017年,天津市经过调整后的综合技术效率值为0.44,纯技术效率为1.00,规模效率为0.44,处在规模报酬递增的状态下。这表明天津市水产技术推广体系整体的运营与管理能力还有相当程度的提升空间,经过环境变量与剔除随机干扰调整后的效率值总体有较大幅度的下降,这说明对于天津市而言，环境变量与其他因素对天津市的水产技术推广体系有较大的影响。天津市作为北方重要的经济中心与航运中心，地跨河海两岸，但近年来，京津唐经济区与天津市经济的飞速发展在一定程度上挤压了渔业生产部门的生存空间，此外，渔业作为第一产业，势必会随着经济发展而占据越来越基础的地位，但是第一产业的基础性地位仍旧需要引起有关部门的重视，天津市的规模报酬递减阶段需要在一定程度上加大对水产技术推广体系的投入，同时，天津市的水产技术推广体系自身的运营与管理能力也需要得到加强。从时序格局来看，天津市从2006~2017年整体上呈现出了较大的波动态势，天津市水产技术推广效率在2015年前后有较大的波动，尽管近三年天津市水产技术推广体系的运营效率有了相对稳定的好转，但同其他省份而言仍有较大的差距，因此，天津市水产技术推广体系仍有较大的提升空间与不小的提升幅度。

河北省东临渤海，渤海海域多有浅海与滩涂分布，具备发展海洋渔业的优势。与此同时，河北境内河流众多，长度长达18千米以上的河流多达300余条，主要水系为河海水系与滦河水系，两大水系呈扇状分布。以水库、湖泊和洼地为代表的湿地资源也是河北渔业发展的主要优势，但其总体呈零星状分布。2006~2017年，河北省经过调整后的综合技术效率、纯技术效率与规模效率均保持在1.00。从时序格局来看，河北省综合技术效率在2009年前后有过较大的波动，2010年达到近十年最低点，仅为0.667。这表明河北省在2009年前后水产技术推广体系的经营管理受到过较大的挑战，而2011年以来，随着河北省水产技术推广体系的稳步发展与水产技术推广的持续投入，河北省随后几年的综合技术效率有了显著的提升。从纯技术效率来看，河北省2006~2017年的纯技术效率相对较为稳定，而规模报酬的波动幅度相对于纯技术效率而言有所增加。2006~2017年，整体而言河北省水产技术推广体系的运营与发展较为平稳，除在2008~2010年有过一定程度的波动之外，其余年份河北省的水产技术推广效率均保持在相对稳定的高水平。

山东省境内流经黄河、淮河和海河三大河流，京杭大运河纵贯南北，河流密集分布，而较大的湖泊有南四湖、东平湖、白云湖、青沙湖和麻大湖，可供从事水产养殖的内陆水域面积为26.7万公顷。与此同时，山东省近海海域占渤海和黄海总面积的37%，滩涂面积占全国的15%，水产品种类多达260余种。山东省水产技术推广站主要负责渔业技术推广、渔业工程指导、渔业技术培训、渔业病害防治等工作，并指导山东省各级水产技术推广体系建设，承担水产技术职业技能鉴定和水生动物疫病防治等工作。2006~2017年，得益于山东省相对优越的自然地理条件与水产技术推广体系的高效、稳定运营，山东省水产技术推广体系无论是综合技术效率还是纯技术效率、规模效率都稳定在1.00，处在规模报酬不变的阶段，山东省水产技术推广体系在经过环境变量与去除随机干扰影响的调整后的DEA效率值均保持在相对较高的水平上。从时序格局来看，山东省2006～2017年整体而言水产技术推广效率相对较为稳定，但2014年以来，山东省水产技术推广的综合效率值与规模效率值均出现了不同程度的波动，综合效率值从2014年的0.892跌至2017年的0.746，这表明，就现阶段山东省在水产技术推广方面的投入而言，山东省整体的投入效率还有较大幅度的提升空间，此外，对于水产技术投入而言，山东省在水产技术推广投入还存在相对薄弱的部分。近年来，山东省在水产技术投入资源呈现出了相对下降的趋势，水产技术推广资金的缩减在一定程度上导致了水产技术推广体系在运营与管理过程中出现的效率下降的状态。

江苏省地跨淮河与长江，境内河流与湖泊众多，水网纵横分布，素有"水乡江苏"的美誉。江苏省大部分地区水系发达，大小河流与人工河道多达2900余条，陆域水面面积达1.73万平方千米，水面所占比重居全国之首。江苏南部地区位居长江以南，长江南北大小河流形成蛛网状分布，且分布稠密，为大面积的水网密集地带。长江是江苏境内最大的河流，境内长度约为425千米，并有支流秦淮河。有利的淡水资源环境保证了江苏地区淡水渔业的发展，与此同时，江苏东临我国黄海，海岸线长达954千米，海洋渔业发达。2006～2017年，江苏省经过环境变量与剔除随机干扰项影响后的水产技术推广体系综合效率值、纯技术效率值与规模效率值均保持在1.00，这表明江苏省水产技术推广系统在运用江苏省自身相对优越的自然地理环境条件的同时，能够发挥出相对稳定高效的水产技术推广效率。从时序格局来看，2006～2017年，江苏省水产技术推广体系的综合效率值呈现出了方向性的上升态势，与此同时，就时序波动而言，江苏省在2007年前后的水产技术推广效率在整体上还存在较大的提升空间。近年来，随着江苏省在水产技术推广体系投入的增多与江苏省整体的经济发展，江苏省的水产技术推广效率整体上呈现出相对显著的上升态势，且随着时间的推移，江苏省水产技术推广效率的稳定性不断提升，近年来，稳定达到1.00，且处于规模报酬不变的阶段。这与江苏省历年来对水产技术推广体系的不断投入密不可分。

上海市位于长江入海口处，濒临太湖流域东部，境内河道湖泊面积约为500平方千米，河道面积率为9%～10%，河道总长2万余千米，河网密度极高。上海市境内江、河、湖、塘之间河网连接，主要水域和河道有长江口、黄浦江及其支流。上海市的湖泊集中在西部地区，最大的湖泊为定山湖，湖泊面积约为60

余平方千米。尽管有利的自然条件为上海市渔业发展奠定了一定的基础，但总体规模较小。上海市作为我国南方地区重要的经济中心，2006～2017年水产技术推广体系的综合效率值、纯技术效率值与规模效率值均保持在1.00，这表明上海市水产技术推广体系处在相对较高的稳定性与效率水平上。此外，从时序格局的角度来看，2006～2017年，上海市水产技术推广体系的波动幅度相对较小，近十二年来，上海市在大多数年份的水产技术推广效率值整体保持在1.000的水平上，除在2009年前后呈现出一定幅度的波动之外，上海市整体的水产技术推广效率均保持在相对较高的水平。同时，2006～2017年，上海市水产技术推广体系的纯技术效率均在1.00的水平上。上海市作为南方重要的经济中心，位于我国第一大河——长江入海口，且处于寒暖流交汇地带，拥有相对丰富的渔业资源与自然地理条件，上海市发达的经济与充足的水产技术资源投入为水产技术推广体系的持续稳定运营提供了重要的保证。

浙江省是我国的水产大省，其东临我国东海，海岸线总长约6400千米，大小岛屿多达3000余个，整个海域面积高达26万平方千米，水质肥沃、饵料丰富，生物种类繁多，以舟山群岛为中心的舟山渔场海洋渔业资源丰富，在很大程度上保障了该地区海水渔业的产量与质量。浙江省境内湖泊众多，容积在100万立方米以上的淡水湖泊多达30余个，以苕溪、京杭运河、钱塘江、甬江、灵江、瓯江、飞云江和鳌江为代表的八大水系在其境内，淡水资源丰富。2006～2017年，浙江省在经过环境变量与剔除随机干扰项影响后的综合效率值为0.863，纯技术效率值为0.926，规模效率值为0.932，处于规模效率递减阶段。从时序角度来看，浙江省2006～2017年，水产技术推广体系的综合效率值处在相对低水平的波动状态下。浙江省拥有相对丰富的渔业资源与优越的自然地理条件，但是相对于产出而言的投入技术效率水平仍旧有较大幅度的提升空间，这表明浙江省的水产技术推广体系的运营与管理还需要进一步的完善与升级，随着浙江省经济的发展，其对水产技术推广体系的投入正不断增加，但与此同时，浙江省水产技术推广的综合效率值从2007～2015年均处在低水平波动状态下，浙江省水产技术推广体系还存在相对显著的薄弱环节。从规模效率来看，浙江省水产技术投入所产生的产出与其投入总额在一定程度上存在不匹配的现象，而在排除环境变量与随机干扰项的影响后，浙江省的水产技术推广体系效率存在较为明显的上升。由此可知，浙江省的水产技术推广体系受到环境因素与其他因素的影响较大，一方面，体现在浙江省相对于其他省份而言遭受的包括台风在内的渔业自然灾害较多；另一方面，体现在浙江省水产技术推广体系的运营与管理效果存在一定程度上的不确定性。

福建省位于我国东南沿海，海岸线长达 3751.5 千米，海岸线长度居全国第二，福建地区岛屿多达 1500 余个，岛屿星罗棋布。福建省主要河流有闽江、晋江、九龙江和汀江，另有以泰宁大金湖、周宁鲤鱼溪、十八重溪、十二龙潭、汀溪水库和东张水库为代表的湖泊。有利的海洋资源环境与淡水资源环境对推动福建省渔业发展具有积极作用，高效的水产技术推广是推动渔业高效发展的动力。2006～2017 年，福建省在排除环节变量与随机干扰项影响后的水产技术推广体系的综合效率值、纯技术效率值与规模效率值均处于 1.00 的水平上，位于规模报酬不变的阶段。从时序格局来看，2006～2017 年，福建省在水产技术推广效率整体上存在一定程度上的波动，2011 年前后波动幅度相对较大。这表明福建省在整体上水产技术推广体系的运营与管理效率相对较高，但是部分年份其运营与管理存在一定程度上的偏差，在资源的投入上，福建省在部分年份呈现出规模报酬递减的状态，这反映出福建省水产技术推广体系在投入资源的配置和利用等方面还有一定程度上的提升空间。福建省水产技术推广体系的纯技术效率值均保持在 1.00，综合来看，尽管福建省水产技术推广体系在整体上保持了相对良好的水平，但在投入资源的配置与利用上还有一定幅度的改进空间，此外，福建省整体自然地理条件优越，岛屿众多且水系复杂，这为福建省的高效率水产技术推广体系的运营与管理提供了较好的发展基础，丰富的资源投入也使福建省水产技术推广体系的运营与管理手段得以施展。

广东省位于我国南部，南临南海，海岸线长达 4114 千米，热带渔业资源丰富，投资建设的海洋人工渔场多达十多个，多年来，通过增殖放流工作的开展，海洋渔业资源呈现恢复态势，海洋与渔业自然保护区数量居全国首位。广东省境内河系众多，主要河系首先是珠江的西江、东江、北江和三角洲水系以及韩江水系，其次是粤东的榕江、练江、螺河和黄岗河以及粤西的漠阳江、鉴江、九洲江和南渡河等。近年来广东省水产技术推广站通过推广 3 类海水和 5 类淡水主导品种，着力普及生态养殖模式和进行卵形鲳鲹规模化网箱养殖试验，让广大渔民得以受益。2006～2017 年，广东省在排除环境变量与剔除随机干扰的影响后的综合技术效率值为 0.932，纯技术效率值为 1.00，规模效率值为 0.932，处在规模报酬递减的水平上。从时序格局来看，广东省水产技术推广体系的综合技术效率值与规模效率值在 2006～2017 年存在一定程度的波动性。这表明，广东省的水产技术推广体系的推广成果在一定程度上受到了环境变量与随机因素的干扰，广东省作为我国南方重要的经济大省，南接港澳，北达内陆，拥有丰富的劳动力资源与自然地理环境，与此同时，广东省的水产产品生产也深受包括台风在内的自然气候条件的影响。此外，广东省作为渔业大省，在其雄厚的经济实力的作用下，尽管水产技术推广体系拥有丰富的资源投入，但其推广体系在资源的配置与利用上还有一定程度的提升空间。在2007年前后，广东省水产技术推广体系的综合技术效率达到了峰谷，仅为0.617，随后广东省的水产技术推广体系经过不断的完善与发展，其综合技术效率稳定在了相对较高的水平上。

广西壮族自治区位于我国西南边陲，北海、钦州和防城港市紧邻我国北部湾，海洋渔业资源丰富，与此同时，广西地区境内河流众多，淡水资源丰富，西江是广大境内最大的河流，河流总长约3.4万千米，境内地表河分别属于珠江的西江水系、长江洞庭湖水系、沿海诸河流、百都河—红河水系、地下河水系。濒临南海及境内发达河网等优势为广西地区渔业发展带来了巨大潜力。2006~2017年，广西经环境变量与随机扰动项调整后的水产技术推广体系综合效率值、纯技术效率值与规模效率值均达到了1.00的水平上，处于规模效率不变的阶段。而经调整前的指标数值上显著低于调整后的指标。这表明环境因素与其他因素对广西壮族自治区的水产技术推广体系有较为显著的影响。从时序格局来看，广西壮族自治区的水产技术推广体系的综合技术效率处在较为明显的波动区间上，并于2014年达到峰谷，仅为0.547。整体而言，广西作为劳动力流出大省，为广东及其他省份的经济发展做出了显著的贡献，但其自身的水产技术推广体系还有较大的发展空间。从纯技术效率的角度来看，在2014年前后，广西壮族自治区呈现了相对低水平的波动状态。从规模效率的角度来看，广西壮族自治区相对缺乏的水产技术推广投入使广西整体的规模效率同其他省份存在一定的差距。广西相对匮乏的资源投入使广西在水产技术推广体系的运营与管理中显得有些力不从心，而劳动力资源在一定程度上的流失也使广西在水产技术推广过程中容易出现一定的阻碍。西南边陲的地理位置与相对落后的经济环境给广西壮族自治区的水产技术推广及其成果转化工作带来了一定的困难。

海南省地处我国最南端，四面环海，全省海洋渔场面积高达30万平方千米，海洋水产品种多达600余种，海洋捕捞业与海洋养殖业发达。丰富的热带渔业资源保证了海南地区海洋渔业的发展。海南岛地势中部高四周低，河流都发源于中部，从而形成辐射式水网，154条入海河流中水面超过100平方千米的多达38条，海南省三大河流由南渡江、昌化江和万泉河构成，占全岛面积的47%，与此同时，海南岛人工水库加多，主要是松涛水库、牛鹿岭水库、大广坝水库和南丽湖等。有利的自然资源保证了海南省渔业的发展，2006~2017年，海南省在经环境变量与随机干扰项调整后的综合技术效率、纯技术效率与规模效率均保持在 1.00 的水平上，处于规模报酬不变的阶段。整体而言，海南省的水产技术推广体系的运行效率在我国沿海的 11 个省市中处于领先的地位，一方面，体现在海南省丰富的渔业资源与广阔的水域面积；另一方面，海南省悠久的渔业文化与渔民深厚的渔业生产经营传统也为海南省渔业的持续稳定发展做出了重要贡献。从时序格局来看，海南省综合技术效率、纯技术效率与规模效率自 2006～2017 年均保持在 1.00 的水平上，处在规模报酬不变的状态。海南省水产技术推广体系的投入总额相较于其他省市而言存在一定程度上的差距，但其大规模的产出与水产技术推广体系自身的高效率运转则使其整体的效率水平处在领先的位置上。海南省悠久的渔业发展史与丰富的水域面积为海南省水产技术推广体系的高效率运转提供了现实基础，水产技术推广体系自身得当的运营与管理方式则对海南省的渔业产出做出了重要贡献。

第三节　基于 Malmquist-DEA 指数法的水产技术推广效率评价

一、水产技术推广效率变化趋势分析

运用 DEAP 2.1 软件对 2006～2017 年我国沿海地区水产技术推广效率进行测算，并计算历年来我国沿海各省市水产技术推广的综合效率，结果如表 4-5 所示。

表 4-5　Malmquist-DEA 计算结果 (1)

时间	技术效率	技术进步	纯技术效率	规模效率	全要素生产率
2006～2007 年	0.809	1.319	0.919	0.880	1.067
2007～2008 年	1.227	0.703	1.087	1.129	0.862
2008～2009 年	0.978	0.861	0.971	1.007	0.843
2009～2010 年	0.953	1.180	0.984	0.968	1.124
2010～2011 年	1.004	1.220	1.047	0.959	1.224
2011～2012 年	1.031	0.710	1.000	1.031	0.731
2012～2013 年	0.964	1.037	0.97	0.994	0.999
2013～2014 年	0.945	0.821	0.973	0.970	0.776
2014～2015 年	1.03	0.913	0.999	1.030	0.941
2015～2016 年	1.081	0.852	1.055	1.024	0.921
2016～2017 年	1.000	1.203	0.995	1.005	1.204
平均值	0.997	0.962	0.999	0.998	0.959

　　整体而言，2006～2017 年，我国沿海地区水产技术推广技术效率整体处在较高水平上，整体技术效率均值为 0.997 且呈现出相对波动的上升趋势。技术进步效率除在 2011～2012 年与 2007～2008 年分别达到 0.71 与 0.703 之外，其余年份均处在相对较高的水平上。纯技术效率的均值为 0.999，2006～2017 年，整体上呈现出轻微的波动状态。规模效率均值为 0.998，全要素生产率均值为 0.959，规模效率与全要素生产率在 2006～2017 年均处在相对轻微的高水平波动区间内，具体而言，规模效率从 2006～2007 年的 0.88 上升至 2016～2017 年的 1.005，全要素生产率的波动状况相对较大，并在 2011～2012 年达到峰谷，仅为 0.731。上述数据表明，2006～2017 年，尽管我国沿海地区水产技术推广效率整体处在相对稳定的高效率运行水平，整体处在上升的区间内，但是上升趋势相对不太明显。技术效率的稳定同技术进步效率与纯技术效率相互协调与配合，最终在全要素生产率上反映出我国水产技术推广运行体系的轻微波动状况，具体而言，技术进步效率的波动对生产率增长的变动具有相对较大的影响，从而使我国沿海地区水产技术推广体系的全要素生产率波动。从时序格局的角度来看，我国水产技术推广体系的全要素生产率整体上呈现出了"V"字形的动态格局，并在 2011 年前后达到了峰谷。

二、水产技术推广综合效率分析

表 4-6　Malmquist-DEA 计算结果（2）

地区	技术效率	技术进步效率	纯技术效率	规模效率	全要素生产率
辽宁	1.000	1.041	1.000	1.000	1.041
天津	1.011	1.016	1.000	1.011	1.027
河北	0.985	0.910	0.991	0.995	0.896
山东	0.974	0.952	1.000	0.974	0.927
江苏	1.000	0.877	1.000	1.000	0.877
上海	1.000	0.908	1.000	1.000	0.908
浙江	1.000	1.013	1.000	1.000	1.013
福建	0.995	0.965	1.000	0.995	0.96
广东	1.002	0.977	1.000	1.002	0.979
广西	1.003	1.001	1.000	1.003	1.004
海南	1.000	0.932	1.000	1.000	0.932
平均值	0.997	0.962	0.999	0.998	0.959

　　如表 4-6 所示为 2006～2017 年我国沿海地区 11 个省份的水产技术推广效率的平均状况。整体而言，我国沿海地区水产技术推广体系的运行效率处在相对

稳定的水平上，但是从技术效率来看，广西、广东、天津三个省份的技术效率值处在相对较高的水平上，天津最高，为1.011，山东处在最低水平上，为0.974。但就技术效率指标值而言，我国沿海地区11个省份的技术效率值的变化与浮动区间相对较小，各省份之间的差距并不明显。从技术进步变化的情况来看，我国沿海地区水产技术推广体系的各个省份之间的差异也并不明显，平均值为0.962，最高为辽宁省，数值为1.041，最低为江苏省，数值为0.877。除河北省之外，其余各省份水产技术推广体系纯技术效率值为1，河北省水产技术推广体系纯技术效率为0.991，整体来看，我国沿海地区水产技术推广体系纯技术效率均处在相对较高水平上，平均值为0.999。从规模效率值来看，规模效率为1的省份有辽宁、江苏、上海、浙江和海南省。大多数省份处在规模效率不变的阶段，虽然各个省份之间水产技术推广体系的规模效率有差异，但是差异并不大。从全要素生产率的角度来看，2006～2017年，我国沿海地区水产技术推广体系全要素生产率最高的省份为辽宁省，全要素生产率数值为1.041，天津市位居第二，为1.027。整体而言，我国沿海地区水产技术推广体系全要素生产率最低的省份首先是江苏省，仅为0.877；其次是河北省，仅为0.896。整体而言，我国沿海地区水产技术推广体系全要素生产率相对于其他产业而言处在中低位水平上，整体上还有相对较大的提升空间，与此同时，我国沿海各个地区的水产技术推广体系的全要素生产率之间的差额相对较小，各个省份之间的水产技术推广体系的全要素生产率基本处在同一水平线上。

三、水产技术推广效率时序分析

（一）技术效率变化

2006～2017年，我国沿海地区水产技术推广技术效率值整体呈现出较大的波动态势。其中，辽宁省的波动范围较大，辽宁省水产技术推广技术效率值从2010～2011年的3.639迅速下降至2011～2012年的0.207。除辽宁之外，天津、上海以及广西壮族自治区的技术效率在部分年份的波动幅度也相对较大。天津市水产技术推广技术效率从2006～2007年的3.533迅速下降至2007～2008年的0.289。整体而言，大多数省份在大多数年份的技术效率均集中在0.5～1.5的区间范围内，相对较为稳定。平均来看，2006～2017年，尽管我国沿海地区水产技术推广技术效率的变化量相对不大，但是波动状态表现得相对明显，不同年份之间的水产技术推广技术效率的平均值也呈现出了相对显著的差异状态。针对部分省份水产技术推广的技术效率的迅速变化，这种现象在一定程度上反映出了水产技术推广在实践过程中所遇到的不确定性因素，一方面，这类不确定性因素在很大程度上干扰了水产技术推广工作的正常稳定与高效运行；另一方面，相对较低的技术效率，其恢复弹性相对较低，这说明不同年份的不确定性因素对于水产技术推广体系技术效率的影响在短时间内难以完全消除，以至于在不确定性因素发生后的一段时间内，水产技术推广体系的运行效率还会深受不确定性因素所产生的部分影响。以天津市为例，在 2007 年前后，天津市水产技术推广体系的技术效率等出现过相对较大的变动幅度，究其原因很可能是由于 2007 年前后水产技术推广投入的急剧变化与当年度国际国内环境的变化导致其在水产技术推广体系的运行效率等方面所体现的疲软趋势（如图 4 - 4 所示）。

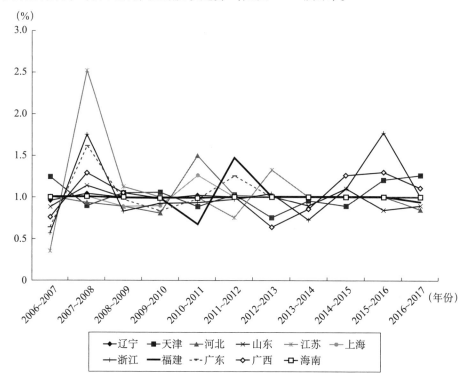

图 4 - 4　技术效率波动状况

（二）技术进步变化

2006 ~ 2017 年，整体而言我国沿海地区水产技术推广体系的技术进步效率的波动幅度不是很大，这在一定程度上说明现阶段我国水产技术推广体系所采用的技术稳定程度较高。实践中，我国的水产技术推广体系所侧重的是相对基础性的水产技术，随着渔民人均收入的日益提升与市场对高技术含量水产品的需求不断增加，现阶段我国水产技术推广过程中技术含量相对较高的技术扩散正在日益提升。2006～2017年，我国沿海地区水产技术推广体系技术进步效率从2006～2007年的0.809经过相对较长时间的波动增长至2016～2017年的1.000。从面板数据的角度来分析，2007～2008年，江苏省的技术进步效率最高，为2.513。与此同时，2007年前后，江苏省其水产技术推广体系的技术进步变化经历了飞速的增长，这表明在2007年前后，江苏省水产技术推广体系的技术进步程度经历了一次相对较大的变革，并在当年取得了相对显著的成效。除此之外，浙江、广东、广西、山东等省份在2007年前后的水产技术推广的技术进步效率也都呈现出了不同程度的上升趋势。由此可以看出，在水产技术推广的实践过程中，水产技术扩散在某种程度上表现出了区域协调性。整体而言，我国沿海地区的水产技术推广体系的技术进步效率均维持在1.000左右，大部分省份在大多数年份的技术进步效率均在1.000上下轻微波动。值得一提的是，海南省在2006～2017年水产技术推广的技术进步效率均保持在1.000的水平上，这表现出了海南省在水产技术推广的技术进步上呈现出了相对稳定的高效率（如图4－5所示）。

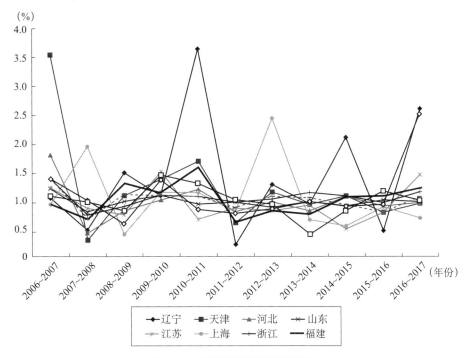

图4－5 技术进步效率波动状况

（三）纯技术效率分析

2006~2017 年，我国沿海地区水产技术推广体系的纯技术效率处在相对稳定的波动区间内，绝大多数省市的纯技术效率值均在 1.000 的水平上轻微波动。平均来看，2006~2017 年我国沿海地区水产技术推广的纯技术效率值的均值从 2006~2007 年的 0.919，经过轻微的波动，在 2016~2017 年达到了 0.995 的水平，整体而言我国沿海地区水产技术推广体系的纯技术效率波动状况并不显著。2015~2016 年，天津市的水产技术推广体系的纯技术效率达到了历史高位，为 1.616，与此同时，2015 年前后，天津市的水产技术推广体系的纯技术效率的增长率也出现了显著的上升态势。大多数省份在绝大多数年份水产技术推广的纯技术效率均在 1.000 的水平上，这说明对于大多数情况而言，我国沿海地区水产技术推广的纯技术水平保持在相对稳定的水平上，与此同时，1.000 的指标值也说明对于大多数年份我国沿海地区大多数省份在水产技术推广的实践过程中所采用的推广手段与推广技术的更新换代速度相对较为缓慢，2015 年前后，我国部分地区水产技术推广体系的纯技术效率呈现出了相对显著的波动状态，这从某种意义上来说展示了 2015 年前后我国部分地区水产技术推广工作中的技术更新与升级换代。从时间序列的角度来看，我国大部分地区水产技术推广体系的纯技术效率的变动幅度并不大，包括辽宁、海南、上海、广东在内的许多省份在相当长的一段时期内其水产技术推广体系的纯技术效率值均未发生变化。这说明在我国沿海地区大部分省份的技术效率长期保持不变的同时也存在实践中水产技术推广工作的技术高水平均衡状态（如图 4 - 6 所示）。

（四）规模效率分析

2006~2017 年，我国沿海地区水产技术推广体系的规模效率整体呈现出了一种相对稳定的发展状态，2006~2007 年，我国沿海地区水产技术推广体系的规模效率值从 0.880 经过一定程度上的波动增长至 2016~2017 年的 1.005，整体来看增长幅度相对较为缓慢。从时空分异的角度来看，我国沿海地区大部分省份的水产技术推广规模效率均保持在 1.000 上下，除江苏与浙江分别在 2007 年前后与 2016 年前后出现过相对较大幅度的波动之外，其余大部分时间我国沿海地区大部分省份的规模效率均在 1.000 上下波动，基本保持在规模报酬不变的状态。一方面，规模报酬不变的状态说明了水产技术推广体系在相对于产出而言的投入以及达到了相对的均衡与稳定的水平；另一方面，在

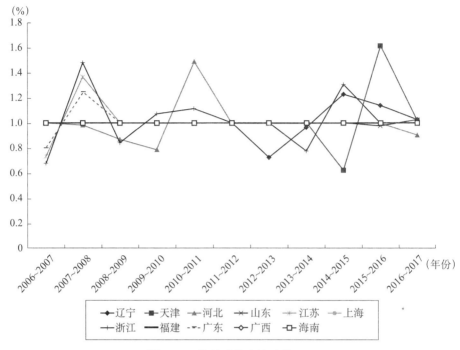

图4-6 纯技术效率波动状况

规模报酬不变的情况下轻微波动也反映出了我国沿海地区水产技术推广体系在实践过程中所遭遇的技术瓶颈。在相当长的时间范围内,我国沿海地区的水产技术推广体系在运营与管理过程中由于缺少足够可行的创新激励机制,导致在技术推广实践的过程中出现了不同程度上的墨守成规与创新匮乏。从各个省份的角度来看,除海南省在2006~2017年水产技术推广体系的规模效率一直保持在1.000之外,其余各省份均有不同程度上的波动。2011年前后,我国沿海地区水产技术推广体系的规模效率的波动状况有了一定程度上的改变,整体而言,2011年之后,我国沿海地区水产技术推广体系的规模效率的稳定性有所提升,规模效率的稳定性不仅体现了技术进步在某程度上的发展缓慢,也在一定程度上反映了水产技术推广体系在2011年前后的整体投入效率水平(如图4-7所示)。

(五)全要素生产率

2006~2017年,相对于其他指标而言,我国沿海地区水产技术推广体系的全要素生产率的波动幅度相对较大。全要素生产率体现了在水产技术推广过程中,有多少最终产出是通过技术进步所实现的。全要素生产率不仅能够检验水产

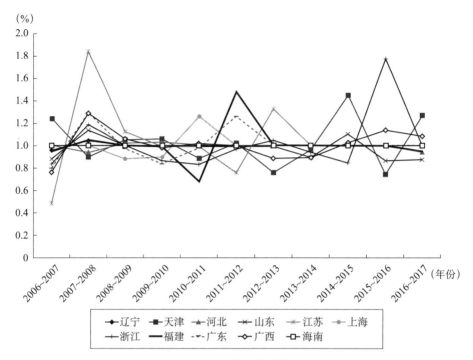

图4-7 规模效率波动状况

技术推广体系的整体推广成效，也能在一定程度上体现出水产技术推广体系自身的运营与管理水平。具体而言，我国沿海地区水产技术推广体系的平均值从2006～2007年的1.067，经过相对较大幅度的波动，移动至2016～2017年的1.204，整体来看我国水产技术推广体系的全要素生产率有轻微的上升。但是参考整个时间序列数据，我国沿海地区水产技术推广体系的全要素生产率大体上呈现出了"V"字形的变动，约在2011～2012年达到了峰谷，仅为0.731。从时空分异的角度来看，天津市2006年前后水产技术推广体系的全要素生产率有了较大幅度的下降，从2006～2007年的4.389急剧下降到2007～2008年的0.259。对于天津市的水产技术推广体系的全要素生产率而言，2007年前后所发生的巨大变动在一定程度上导致了天津市水产技术推广体系整体效率的波动。将我国沿海地区水产技术推广体系的规模效率与全要素生产率对比分析后发现，我国2006～2017年水产技术推广体系的规模效率的变动相对较为稳定，而全要素生产率的变动幅度相对较大，因此，可以推测，我国沿海地区水产技术推广体系的效率提升与绩效在很大程度上是由于水产技术推广体系的全要素生产率的增长而发生的改变，且能够在一定程度上排除规模效率对我国水产技术推广体系整体效率增加产生的影响（如图 4 - 8 所示）。

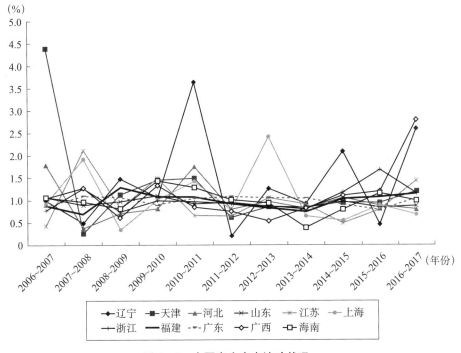

图 4 - 8　全要素生产率波动状况

第五章 我国沿海地区水产技术供求契合度分析

第一节 调研地区与样本说明

　　水产技术推广体系的优化兼顾技术供给方和技术需求方两个方面，按需供应是保证水产技术有效推广的关键。根据上一章水产技术推广综合效率测度结果，为进一步了解当前水产技术供求现实及存在的问题，本研究通过参考大量文献，在咨询相关专家和水产技术推广机构工作人员相关建议的基础上，最终确定以"蓝色粮仓"核心城市——山东青岛，作为样本地区。结合样本地区水产技术推广体系的技术优势和推广优势，对该地区的水产技术供给与需求现状进行调研，以期间接验证水产技术推广体系供求契合情况。

一、调研地区说明

　　青岛市位于东经120°和北纬36°处，受温带海洋性气候和温带季风气候影响，海域面积约为1.22万平方千米，海岸线全长816.98千米，沿岸海湾多达49个，具备发展渔业的先天性优势。2017年，青岛市水产品总产量121.7万吨，渔业产值高达170.2亿元。近年来，青岛市渔业发展受生态环境与渔业资源刚性约束的制约，渔业发展逐渐向"高精尖"水产养殖进行转型，积极发展陆基工厂化养殖、深远海抗风浪网箱养殖池塘标准化养殖，稳定发展藻类筏式和贝类底播养殖。现实中，稳健的水产技术是保障渔业高效可持续发展的关键，青岛市大力强化水产科技研发，支持科研机构与水产企业联合发展，鼓励龙头企业建立科技研发中心，推进水产科技创新与成果转化，与此同时，大力实施"渔业科技入户"工程、渔业技术培训和水生动植物疫病防治，全力构建高效有序的水产技术推广体系。水产技术推广体系的良好运行关系到渔业的有序发展，水产技术是提高水产品产量的关键。随着青岛市渔业的发展，水产技术推广体系建设不断完善，水产技术推广方式与方法不断更新，推广主导品种日益丰富，然而现实中，水产技术推广与渔民技术需求存在着一定的矛盾,主要表现在水产技术推广理念相对落后、水产技术供需契合度相对不高和多元化水产技术推广机构协同推广机制落后等方面。随着青岛市"蓝色经济"发展进程的加快,必须加强青岛市水产技术的研发、推广和应用有序发展,保证政府主导推广工作的同时强化科研院校、龙头企业、合作经济组织等机构的协同推广,在保证水产技术有效供给的基础上,满足广大渔民技术需求的广度与深度,推进青岛市水产技术推广体系与运行机制的可持续发展。

二、样本数据说明

本次调研时间集中于 2016～2017 年,调研地区主要是山东省青岛市 5 区 3 市共计 16 个乡镇街道的水产技术供求现状进行调研。在调研中发现,青岛市水产品地区分布各不相同,刺参主产区为西海岸新区与即墨区;鲍鱼主产区为崂山区;对虾主产区为西海岸新区、城阳区和即墨;海水鱼主产区为西海岸新区;梭子蟹主产区为即墨区与胶州市;扇贝主产区为西海岸新区和崂山区;淡水鱼主产区为胶州市、平度市与莱西市。其中,调研地区具体包括青岛市西海岸新区琅琊镇、珠山街道、灵山卫街道、薛家岛街道、红石崖街道,城阳区红岛街道,崂山区沙子口街道和王哥庄街道,胶州市营海镇,莱西市日庄镇,平度市祝沟镇,即墨区丰城镇、田横镇和鳌山卫镇。调研采用水产技术推广部门座谈调查与渔户问卷调查相结合的方式,总计发放调查问卷 400 份,实际收回 378 份,问卷回收率到达 94.5%,除去无效问卷,最终获得有效问卷 321 份,有效问卷率达到 80.3%。

在有效样本中,渔户年龄在 30 岁以上的人数占总人数的 88.47%,一半以上的渔户年龄集中在 31～60 岁,89.1% 的渔户接受过初中及以上程度的教育,接受高中及以上教育的人员比重为 35.2%,57.63% 的渔户从事 5 年以上的渔业生产活动。在渔户中,捕捞渔户和养殖渔户分别占渔户总数的 37.59% 和 62.31%。渔户的生产差异决定了技术供给和需求的不同,鉴于水产技术的主要供给主体是养殖渔户,故对水产养殖渔户进行进一步划分。根据水产养殖的目的,将养殖渔户分为养殖小户、养殖中户和养殖大户三类。其中,将为满足个人生活的养殖户定义为养殖小户,满足小规模生产经营目的的养殖户定义为养殖中户,满足大规模生产经营的养殖户定义为养殖大户。其中,养殖小户为 78 名,养殖中户为 93 名,养殖大户为 29 名。

依据《农业技术推广学》相关理论,通过走访青岛市渔业技术推广站、中

国水产科学院黄海水产研究所、中国海洋大学等机构专家学者，咨询并征求大量
渔户的基础上，最终将水产技术推广相关指标通过分类归纳为3项，分别是水产
技术的类型、推广主体和推广方式。具体包括11项水产技术指标、7项水产技
术推广主体指标和10项推广方式指标（如表5-1所示）。

表5-1　水产技术推广指标选取

指标分类	指标内容
技术种类	①水产科学捕捞技术；②水产健康养殖技术；③水生生物良种繁育技术； ④水生生物科学用药技术；⑤水生生物疫病防治技术；⑥水产公共信息技术； ⑦水产品收获、加工、包装、贮藏、运输技术；⑧生产工具科学使用技术； ⑨水产品质量安全技术；⑩水产生产防灾减灾技术；⑪水产生态环境监测预报
推广主体	①水产技术推广站；②水产经济合作社；③水产龙头企业；④水产科研院所； ⑤水产科研高校；⑥渔业生产资料公司；⑦水产技术示范基地
推广方式	①水产技术推广站定期培训；②水产技术推广员送科技下乡； ③水产经济合作社专人指导；④水产科研院所专家指导； ⑤水产科研高校专家指导；⑥渔业生产资料公司专人指导； ⑦水产科技示范户指导；⑧电视、广播、报纸等传统传媒信息共享； ⑨互联网、手机等新兴传媒信息共享；⑩渔户间相互沟通交流

第二节　水产技术推广体系供给要素与特征分析

一、水产技术推广体系供给要素分析

青岛市水产技术推广体系主要由地市级、县市级和乡镇级三级构成
（见图5-1）。地市级水产技术推广机构是青岛市渔业技术推广站，其隶属于青岛
市海洋发展局，主要职能包含四个方面：第一，贯彻执行国家、省、市有关水产
技术推广的法律法规和方针、政策；第二，参与制订全市水产技术推广计划并
组织实施；第三，引进、试验、示范、推广先进的渔业生产技术及优良品种；
第四，负责全市渔业技术培训工作。区市级水产推广站分别隶属于各区市的海
洋发展局或水利（水产）局。其中，崂山区、西海岸新区、城阳区、即墨区和
胶州市靠近海洋，其渔业技术推广站都隶属于各地区海洋与渔业局，而莱西市
与平度市属于内陆地区，其水产技术推广机构隶属于当地的水产局。乡级水产
技术推广站隶属于上级水产技术推广机构，负责开展水产技术推广一线工作。
2017年，青岛市水产技术推广机构共有57个，主要由7个专业站和50个综合
站构成。其中，县级水产技术推广机构由6个专业站构成，乡级站由49个综

合站构成。与此同时，全额型水产技术推广站和差额型水产技术推广站分别为56个和1个。

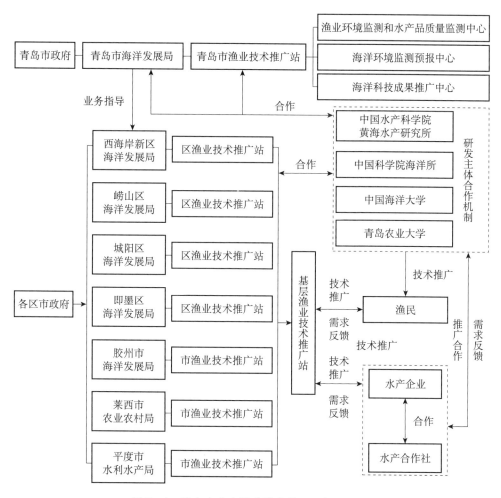

图5-1　青岛市水产技术推广体系运行机制

（一）水产技术推广体系的人员供给分析

2005~2017年，青岛市水产技术推广人员数量呈现"先增后降"式发展，高比重的专业技术人员保证了水产技术推广队伍的质量（见图5-2）。2017年，青岛市共有水产技术推广员291人，省级站、县级站和乡级站各有水产技术推广员18人、49人和224人。按照技术职称分类，高级、中级和初级技术推广人员分别为14人、74人和129人；按照文化程度分类，博士、硕士、本科及以下学历推广员分别为1人、25人、96人和169人。总体来看，拥有中高级职称和高学历水平推广人员仅占推广人员总数的 1/2，高水平推广人员数量有待增加。

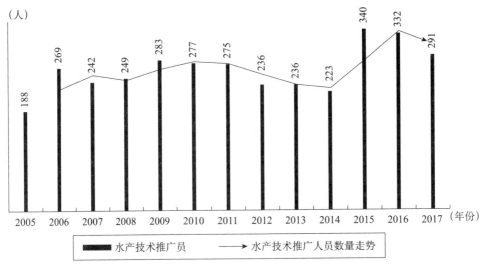

图 5 – 2　2005 ~ 2017 年青岛市水产技术推广人员

资料来源：《中国渔业统计年鉴》（2006 ~ 2018 年）。

（二）水产技术推广经费分析

2005 ~ 2017 年，青岛市水产技术推广经费总体呈现"上升式"发展，推广人员经费比重持续走高，推广业务经费总数历年变化不大（见图 5 – 3）。2017 年，青岛市水产技术推广经费总计 2639. 27 万元，较 2013 年经费增长了 22. 97%。其中，人员经费和业务经费分别为 2279. 22 万元和 360. 05 万元（公共经费 152. 83 万元、项目经费 207. 22 万元）。其中，人员经费市级站、县级站和乡级站的经费比重分别为 17. 42%、18. 82% 和 63. 63%；业务公共经费市级站、县级站和乡级站的经费比重分别为 57. 95%、21. 57% 和 20. 48%；业务项目经费市级站和县级站的经费比重分别为 84. 07% 和 15. 93%。总体来看，青岛市水产技术推广经费投入总体较高，特别是对乡级基层人员经费的投入有利于提高一线推广人员工作热情，但对县级和乡级业务公共经费投入比重较低，不利于基层推广业务长效性发展。

（三）水产技术供给分析

水产技术示范推广情况。2017 年，青岛市共有 8 个水产技术合作试验示范基地和 6 个实验室，示范关键技术 16 项，示范养殖面积共计 3080 公顷，指导面积高达 21937 公顷，受益渔户多达 1682 户。有效地推动了水产技术推广站贴近生

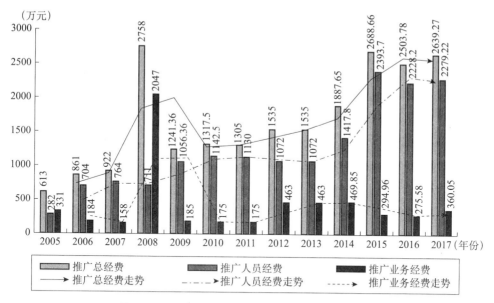

图 5 - 3　2005 ~ 2017 年青岛市水产技术推广经费

资料来源：《中国渔业统计年鉴》（2006 ~ 2018 年）。

产一线，在很大程度上也推动了水产技术推广工作的开展。2017 年，青岛市示范关键渔业技术 16 个，检验检测 280 批次，指导面积高达 21937 公顷，受益渔户、企业和合作组织分别为 1682 户、138 个和 76 个。与此同时，青岛市拥有国家级海洋牧场示范区 10 个，放流苗种 16.6 亿单位，放流综合投入产出比达到 1：5。青岛市积极发展陆基工厂化养殖、深远海抗风浪网箱养殖，突出抓好养殖设施设备和池塘标准化升级改造，加快推广生态健康养殖模式和先进技术，全市建成工厂化养殖 105 万平方米、发展深水抗风浪网箱 380 个，并加快良种良法示范推广，推荐"中海 1 号"条斑紫菜等 3 个水产品种参加国家新品种评定，指导 500 个渔户实施示范面积 20 万亩。

（四）水产技术培训分析

2005 ~ 2017 年，青岛市水产技术推广机构的渔民技术培训呈现"先增后降"式发展（见图 5 - 4）。具体而言，2007 年，共组织 123 次水产技术专业培训，吸引 16180 多名渔民参与其中。2017 年，青岛市共组织 32 期水产技术培训活动，培训活动主要以"良种选用、水产实用技术及水生生物病害防治"为主题，结合渔民生产技术需求，邀请相关专家积极宣讲，总计 2434 名渔民参与培训。与此同时，青岛市对渔业公共信息服务工作予以完善，3 个水产技术推广网站继续建设，信息覆盖1834名渔户发布公共信息7754条,共发放渔业技术资料12000份。

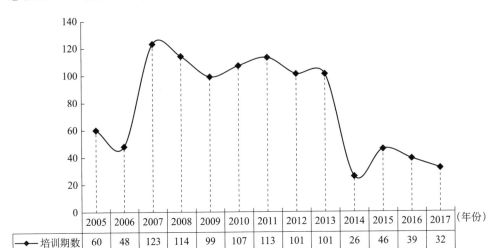

	2005	2006	2007	2008	2009	2010	2011	2012	2013	2014	2015	2016	2017
◆ 培训期数	60	48	123	114	99	107	113	101	101	26	46	39	32

图5-4 2005~2017年青岛市渔民水产技术培训期数

资料来源:《中国渔业统计年鉴》(2006~2018年)。

二、水产技术推广体系供给特征分析

青岛市渔业技术推广机构更名为青岛市海洋科技成果推广中心(2018年),集青岛市渔业技术推广站、青岛市海洋环境监测预报中心、青岛市渔业环境监测和水产品质量检测中心于一体,下设办公室、推广科、检验科三个科室,在编22人,其中研究员2名,高级工程师4名,工程师16名。青岛市水产技术推广工作以前的工作重心是水产优良品种、先进养殖技术的试验、示范及推广应用。近年来,随着形势发展,在坚持重心的基础上,着重加强了公益性职能的建设。水产技术推广体系发展呈现出五个方面的特征:

(一)完善基础设施建设,增强公共服务能力

(1)检测能力得到加强。青岛市水产技术推广站共有办公面积1000平方千米,所属的"三合一"中心实验室总投资1200万元,配置先进仪器设备30多台套,已通过国家海洋局计量认证和省级计量认证,自2006年投入运行以来,共完成渔业环境检测1500多批次、水产品质量检测2500多批次、海洋环境检测1000多批次,基础能力和技术水平都得到很大提高。

(2)水产养殖疾病诊治能力得到加强。2009年投资100万元在省内率先建立水产养殖疾病远程会诊系统,建设站点18个;2010年、2011年再投资200万

元，建设会诊站点 60 个，与已建的 18 个会诊站点连接，形成较为完善的水产养殖疾病远程会诊网络。聘请 12 位驻青岛专家组建专家库，建设"青岛市渔业信息网"，构建渔业信息数据库、水产信息手机短信发送平台、水产病害远程分析和专家会诊系统，实现了不受地域限制、实时快捷的水产疾病远程会诊，目前已接诊水产疾病 192 例，应用效果很好。

（3）水产养殖疫病监测体系进一步完善。青岛市 8 区市县级水生动物防疫站已建设完毕，目前工作开展顺利，县级水产养殖疫病监测能力得到加强，全市监测网络得到完善。

（二）打造过硬队伍，强化体系建设

（1）打造"指导队伍"，充分利用青岛市"海洋科技城"优势，积极邀请院所专家为水产技术推广人员进行指导，成立了"渔业科技入户"顾问组、"水产养殖疾病远程会诊系统"专家库，建立渔业推广工作"智力库"。

（2）打造"推广队伍"，结合"渔业科技入户工程"，选择 50 名科技指导员、50 名村级技术员、100 名科技示范户作为骨干力量进行培养，增强他们的技术水平和科技服务能力。

（3）打造"保障队伍"，对全市检测检验人员进行系统培训和技能升级，切实发挥检测检验队伍对渔业安全生产的技术保障作用。

（三）大力推广普及良种良法，推动产业升级

（1）积极实施水产健康养殖行动，加强良种引进与研发力度，培育与推广"黄海一号"中国对虾、"黄海二号"中国对虾、南美白对虾良种、"海大一号"太平洋牡蛎、单体牡蛎、杂交扇贝、"黄选一号"三疣梭子蟹、斑点鳟鲑、优质刺参、多倍体鲍鱼等优良品种 30 多个。

（2）积极示范推广健康养殖技术，工厂化循环水、液态氧、太阳能增温、气举泵充氧去污、生物絮团、微孔管道底部增氧、生态养殖等一批高效、生态、安全的养殖技术得到应用。大力推进规模化、标准化养殖，以深水抗风浪网箱养殖、工厂化养殖、池塘改造养参为代表的高效渔业发展迅速。

（四）深入开展科技服务，促进渔业增效渔民增收

2004 年，青岛市在全国率先实施渔业科技入户工作，通过上门指导、授课培训、发放资料、电话咨询等多种形式，做到科技人员与渔民的面对面、手把手、零距离接触。10 多年来，广大科技指导人员总计联系养殖大户 12000 余次，授课 3000 余节，发放技术资料 5000 余册。近年来，大力实施渔业科技培训，共

举办渔技推广人员知识更新培训、渔民实用技术培训、水产健康养殖规范用药培训和新型渔民科技培训等各类培训班 200 多期，编发《青岛市标准化养殖技术规范》《水产养殖常见病害诊断与防治》等科技书籍 10 余册 3000 多本，培训人员 10000 多人次。主要做法为：

（1）以主体工作促带动。围绕"十大优良品种"和"十大主推技术"，积极实施科技入户、科技培训、水产养殖疾病远程会诊、渔业环境与水产品质量检（监）测等工作，充分发挥科技指导员、村级指导员和科技示范户的作用，有效开展入户指导、主体培训、健康养殖技术推广、养殖疾病防治、质量安全知识普及等活动，及时解决生产难题，全面提高渔民科技素质，全力加快科技成果转化速度。

（2）以标志性活动推深入。紧扣青岛市现代渔业发展形势，组织举办"水产养殖规范用药"宣传周、"水产品质量安全月"、"池塘底部微孔增氧"现场会、"黄海二号中国对虾"推介会、"现代渔业发展专家研讨会"等标志性活动，以活动推动专家、推广人员、渔户间的良好互动与交流，增强各方人员的参与性与主动性。

（3）以形式创新上水平。加强信息服务平台建设，有效开展信息服务工作，通过建立"青岛市渔业信息网"、手机信息发送平台，编发《渔业信息简报》、明白纸，建立专家在线坐诊、开通科技服务热线等措施，不断在科技服务形式和内涵上进行创新与挖掘，积极创建渔业科技服务品牌，实现科技信息的快捷传送和对渔民的全方位服务。

（4）以典型宣传扩影响。充分利用广播、电视、报刊、互联网等宣传媒体，以及印发简报、宣传材料、制作展板等多种渠道，大力宣传科技服务活动中涌现出来的先进典型及成功经验，放大工作的实施效应，扩大工作的社会影响，营造深入开展科技服务活动的良好社会氛围。

（五）加大水产品质量监测力度，确保水产品质量安全水平

（1）建立水产品质量安全监测体系，全面实施"例行抽检"制度，加强执法联动、开展专项整治，每年检验水产苗种、养殖水产 500 多批次。

（2）开展渔业环境检测工作，对水产良种场、水产育苗场、无公害水产品生产基地的产地环境及 10 个优势养殖港湾的水质进行检测。

（3）积极开展水产养殖规范用药的指导工作，定期组织专家对育苗及养成企业负责人进行培训，大力开展规范用药的宣传与技术指导。

第三节　渔户水产技术需求特征与影响因素分析

一、渔户水产技术需求特征比较

（一）水产技术种类需求现状

现阶段，捕捞渔户技术需求的重点是水产科学捕捞技术，对生产工具安全使用技术也有一定的需要。捕捞渔户在日常生产中对科学捕捞技术的依赖程度较高，特别是在捕捞产业受资源与环境制约条件下，传统作业方式的弊端已逐渐显现，新型捕捞方法的使用和捕捞区域的选择已成为捕捞渔户需要的重点。随着新型捕捞技术的推广，捕捞渔户对新型捕捞网具、定位工具和新型捕捞渔船的安全使用存在一定的需求，水产技术推广站联合渔政、船检等执法部门加强对该项技术的普及，为捕捞渔户提供了较好的技术指导。

养殖渔户群体的生产受资源约束的影响相对较小，养殖生产活动对养殖技术、苗种选用和灾害防治等方面的要求相对较高。各类养殖渔户的生产规模和生产方式各不相同，对各类水产技术的需求既存在一定共性，也存在一定的差异性。养殖小户群体的生产规模较小，生产方式较为单一，既对健康养殖技术和良种繁育技术的需求程度较强，也对科学用药技术和生产防灾减灾技术存在一定需求。各类养殖渔户群体对水产健康捕捞技术、水生生物良种繁育技术和水生生物科学用药技术的需求程度都相对较高，这是养殖渔户对水产技术需求的共同点。根据不同渔户生产属性，各类渔户的技术需求也存在以下差异：

（1）养殖小户对水产科学捕捞技术和水产生产防灾减灾技术存在一定的需求。养殖小户的生产方式较为单一，生产投入成本相对较高，如何确保养殖产品的科学捕捞、降低水产品收获过程的死亡率等是养殖小户群体较为关注的一点。与此同时，降低生产过程中的自然灾害损失也是养殖小户现实生产中技术需求的重点。

（2）养殖中户的养殖生产具备一定的规模，水产品养殖具有小规模商品化的特点，其需要的主要技术是水产健康捕捞技术、水生生物良种繁育技术和水生生物科学用药技术。

（3）养殖大户的生产规模最大，养殖产品具有很强的商品化特点，为确保养殖产品的质量，提高生产收益，对全部水产技术都有较强的需求，特别是对生产工具安全使用技术、水生生物疫病防治技术和水产品加工、包装、贮藏和运输技术的需要程度尤为强烈。

从不同水产技术的纵向比较来看（见表5－2），各类渔户对多样化水产技术的需求各不相同。捕捞渔户需要的水产技术侧重于捕捞技术方面，而养殖渔户对捕捞技术和养殖技术都存在需求。具体来看，捕捞渔户对水产科学捕捞技术的需求最强，养殖中户对该技术的需求程度最低；养殖户群体对水生生物良种繁育技术和科学用药技术都有较强的需求；针对水生生物科学用药技术，各养殖户的技术需要比重大致相当，总体技术需求比重约为40%；而针对其他各类水产技术，养殖大户是技术需求的重点，养殖小户对生产防灾减灾技术存在一定的需求。

表5－2　渔户对水产技术推广种类需求现状

技术类别	捕捞渔户		养殖小户		养殖中户		养殖大户	
	需求数量	需求比重（%）	需求数量	需求比重（%）	需求数量	需求比重（%）	需求数量	需求比重（%）
水产科学捕捞技术	116	95.89	25	32.05	16	17.20	11	37.93
水产健康养殖技术	0	0	43	55.13	59	63.44	19	65.52
水生生物良种繁育技术	0	0	33	42.31	48	51.61	20	68.97
水生生物科学用药技术	0	0	31	39.74	38	40.86	13	44.83
水生生物疫病防治技术	0	0	25	32.05	25	26.88	19	65.52
水产品加工、包装、贮藏、运输技术	7	5.79	14	17.95	25	26.88	20	68.97
生产工具安全使用技术	33	27.27	18	23.08	25	26.88	25	86.21
水产品质量安全技术	0	0	21	26.92	13	13.98	16	55.18
水产公共信息服务	2	1.65	10	12.82	10	10.75	12	41.38
水产生产防灾减灾技术	8	6.61	31	39.74	26	27.98	12	41.38
水产生态环境监测预报	6	4.96	6	7.69	5	5.38	13	44.83

（二）渔户对水产技术推广主体需求现状

实践中，渔户对各类水产技术推广主体的需求程度各不相同（见表5－3）。水产技术推广站是针对捕捞渔户进行技术推广的重点，捕捞渔户对该机构的需求程度最高，而在现实中，水产技术推广站同捕捞渔户联系较少、先进水产技术无法及时供给等问题，导致捕捞渔户群体对该机构的需求程度相对最高。

养殖户群体对不同水产技术推广主体的需求程度也各不相同。养殖小户对水产技术推广站的需求程度最高，水产技术推广站以推广基础型水产技术为主，这也是养殖小户生产需求的重点。养殖小户群体对水产经济合作社、水产科研院所和水产科研高校的需求比重大致相同，约有47%的养殖小户需要这些机构供给较为先进的水产技术。养殖中户对水产技术推广站的需求程度最高，日常生产中，该群体对基础型水产技术和比较先进的水产技术存在一定的需要。与此同时，养殖中户多是水产经济合作社的成员，故希望水产经济合作社提供更多的技术指导，水产龙头企业同养殖中户的业务联系较多，也是该养殖群体技术需求的重点。水产技术科技研发主体提供了较多的新型水产技术，其研发和成果转化需要同养殖渔户密切联系，养殖中户也希望从中获得更多的技术支持。养殖大户的生产规模最大，实力最强，对各类推广主体都存在较强的需求。现阶段，养殖大户最需要水产科研院所和科研高校提供最先进的技术指导，该养殖群体也有实力接受最先进的技术成果。养殖大户对水产经济合作社的需求比为72.41%，表明养殖大户愿从该推广主体获得更多的水产技术信息共享和区域性技术指导。水产技术推广站也是养殖大户满足技术需求的基础机构，其技术需求程度也相对较高。

从横向比较来看，捕捞渔户、养殖小户和养殖中户对水产技术推广站的需求程度较高；养殖中户和养殖大户最希望获得水产经济合作社和水产龙头企业的指导，通过合作也可以促进养殖产品的销售；养殖中户和养殖大户对水产科研机构的技术需求较强，希望获得更多的先进性技术指导生产活动；养殖大户是渔业生产资料公司和水产技术示范基地需求比重最高的群体。

表5-3　渔户对水产技术推广主体需求现状

机构类别	捕捞渔户		养殖小户		养殖中户		养殖大户	
	需求数量	需求比重（%）	需求数量	需求比重（%）	需求数量	需求比重（%）	需求数量	需求比重（%）
水产技术推广站	95	78.51	73	93.89	83	89.25	20	68.97
水产经济合作社	6	4.96	38	48.72	70	75.27	21	72.41
水产龙头企业	7	5.79	27	34.62	49	52.69	20	68.97
水产科研院所	65	5.37	36	46.15	83	89.25	27	93.10
水产科研高校	23	19.01	36	46.15	65	69.89	24	82.76
渔业生产资料公司	15	12.40	25	32.05	38	40.86	15	51.72
水产技术示范基地	2	1.65	17	21.79	35	37.63	14	48.28

（三）水产技术推广方式需求现状

水产技术推广需求方式是不同类型渔户对不同水产技术推广方式的需求程度，需求情况如下（见表5-4）：

捕捞渔户最希望以水产技术推广站组织定期培训的方式获得先进的水产技术，而对其他推广方式的需求程度相对较低，表明水产技术推广站组织的定期培训存在一定的不足。养殖户群体中，各类养殖户都对水产技术推广站定期培训和推广员送科技下乡两种方式的需求程度较高，表明这两种方式对养殖户群体增收产生了较好的效果，但在实际推广过程中，养殖渔户对此推广方式的依赖水平较高。养殖渔户对水产科研院校专家技术指导方式的需求也相对较高，尤其是随着生产经营规模与水平的提高，养殖渔户对获得最先进水产技术的需求程度就越高。养殖中户对水产经济合作社和水产龙头企业专人指导方式的需求程度相对较高，其技术需求比重分别高达76.34%和52.69%。养殖大户对常规型水产技术推广方式的需求水平都较高，而对传媒技术推广和渔户沟通方式的需求比重相对很低。

表5-4　渔户对水产技术推广方式需求现状

方式类别	捕捞渔户		养殖小户		养殖中户		养殖大户	
	需求数量	需求比重（%）	需求数量	需求比重（%）	需求数量	需求比重（%）	需求数量	需求比重（%）
水产技术推广站定期培训	92	76.03	70	89.74	77	82.80	20	68.97
水产技术推广人员送科技下乡	12	9.92	61	78.21	82	88.17	26	89.66
水产经济合作社专人指导	9	7.44	33	42.31	71	76.34	32	72.41
水产科研院所专家指导	13	10.74	42	53.85	79	84.95	27	93.10
水产科研高校专家指导	13	10.74	37	47.44	68	73.12	22	75.86
水产龙头企业专人指导	11	9.09	22	28.21	49	52.69	20	68.97
渔业生产资料公司专人指导	20	16.53	24	30.77	40	43.01	15	51.72
水产科技示范户指导	2	1.65	22	28.21	33	35.48	16	55.17
传统传媒信息共享	4	3.31	33	42.31	12	12.90	5	17.24
新兴传媒信息共享	2	1.65	24	30.77	20	21.51	3	10.34
渔户之间相互沟通交流	14	11.57	15	19.23	13	13.98	9	31.03

从横向比较来看，水产技术推广站定期培训方式是渔户当前最为需要的推广方式，养殖户对水产技术推广方式需求的重点排在前四名的分别是水产技术推广站定期培训、水产技术推广员送科技下乡、水产经济合作社专人指导及水产科研院所专家指导。养殖中户和养殖大户的产品市场化特性，决定对水产龙头企业的技术指导方式有较大需求。与此同时，养殖大户的生产规模和生产水平相对最成熟，对渔业生产资料公司专人指导方式和水产科技示范户指导方式也存在较强的需求。

（四）水产技术需求现状总结

通过不同类型技术需求（见表5-5）的分析，渔户对水产技术推广的需求种类、需求机构和需求方式的平均比重分别为34.61%、51.55%和43.23%。以渔户平均需求水平为衡量标准，分析如下：

捕捞渔户对水产科学养殖技术和生产工具安全使用技术的需求较大，生产中希望水产技术推广站和渔业生产资料公司加强技术指导；养殖小户对水产健康养殖技术和良种繁育技术需求较强，在现实生产中，对水产技术推广站培训、水产技术推广人员送科技下乡和水产科研机构专家指导等方式有较大需求；养殖中户希望获得健康养殖技术、良种繁育技术和科学用药等技术的有效支持，希望通过水产技术推广站培训、水产技术推广人员送科技下乡、水产经济合作社专人指导和水产科研机构专家指导等方式获得先进水产技术；养殖大户对水产品加工、包装、贮藏和运输技术的需求最为强烈，也需要使用水产健康养殖技术、良种繁育技术、疫病防治技术和水产品质量安全技术提高生产水平，同其他养殖渔户不同的是，养殖大户对各水产技术推广方式的需求程度都相对较强。

表5－5　渔户对水产技术平均需求比重

分类	捕捞渔户（％）	养殖小户（％）	养殖中户（％）	养殖大户（％）	平均比重（％）
水产技术推广需求种类	23.69	29.95	28.35	56.43	34.61
水产技术推广需求主体	25.62	46.15	64.98	69.46	51.55
水产技术推广需求方式	17.43	44.64	53.18	57.68	43.23

二、渔户水产技术需求影响因素分析

渔民是水产技术供给的终端受众，有效的技术需要对技术供给决策具有重要影响。现实中，渔民的水产技术需求受到多个因素的制约，为准确把握各影响因素对渔民技术采纳的作用，有必要对渔户需求意愿进行分析，这对实现水产技术有效供给和提高水产技术推广效率具有重要作用。

（一）模型构建

本书基于对渔户水产技术需求影响因素的考察，其结果分为需要和不需要两种。因此，本书通过建立渔户水产技术需求的实证模型，以测度影响渔户技术需要的有关影响因素。假设渔户水产技术需求行为用函数 F 表示，F 取决于 X_i，水产技术需求函数模型如下：

$$P = F(X_1 + X_2 + X_3 + \cdots + X_i) \tag{5-1}$$

鉴于渔户是否需要水产技术的结果分为需要和不需要，故使用两项 Logistic 回归模型（Binary Logistic）进行分析，采用"是"与"否"作为被解释变量，即需要水产技术为1，不需要水产技术为0。设定 P 为渔户对水产技术需要的概率，P_i 取值范围介于 $[0, 1]$，$1-P$ 表示渔户不需要相应水产技术的概率。对 P 进行 Logit 转化，即定义 $\text{Log}P = \ln[P/(1-P)]$，该模型具体如下：

$$P_i = F\left(\alpha + \sum_{i=1}^{m} \beta_j X_{ij}\right) = 1/\left\{1 + \exp\left[-\left(\alpha + \sum_{i=1}^{m} \beta_j X_{ij}\right)\right]\right\} \tag{5-2}$$

在公式（5-2）中，P_i 为渔户技术需求的概率，i 是渔户的编号，β_j 表示影响因素的回归系数，m 表示影响因素的个数，X_{ij} 表示第 j 个影响因素，α 表示回归截距。

（二）变量选取与说明

（1）被解释变量选取。选取"渔户是否需要水产技术"作为被解释变量（Y），该变量准确表示渔户对先进水产科技的切实需求，也是衡量渔户采纳水产技术的重要指标之一。在有效样本中，有64.8%的渔户希望获得新型水产技术的指导。

（2）解释变量选取。解释变量主要选取具有代表性的11个指标，根据指标特点将其归纳为渔户禀赋、家庭禀赋和生产条件三部分。本书着眼于对水产技术需求起决定性作用的渔户禀赋和家庭禀赋，从渔民个体和家庭角度选取相应指标；同时，将影响渔民技术采纳的渔业生产指标纳入其中，保证分析的系统性。

（3）渔户禀赋变量由渔民的年龄（X_1）、学历水平（X_2）、身体健康状况（X_3）和从事渔业生产活动的时间（X_4）四部分构成。第一，渔民年龄因素。从事渔业生产工作的渔民以青壮年为主，约有10.9%的渔户年龄集中在20～30岁，有35.83%的渔户年龄处于31～40岁，35.51%的渔户年龄介于41～50岁，14.95%的渔户年龄介于51～60岁。第二，学历水平因素。渔民的文化程度水平多以初中和高中为主，约有53.89%的渔民具备初中学历，25.55%的渔民达到高中学历水平。第三，身体健康状况因素。大部分从事渔业生产的渔民身体状况都比较好，该人群比例约为99.37%。第四，从事渔业生产时间因素。多数渔民从事渔业生产的时间都大于3年，具备丰富的渔业生产经验，从事渔业活动为3～5年的渔民约占总体的35.2%，约有38.32%的渔民从事渔业活动为5～10年，而长达10年以上从事渔业生产活动的渔民比重为19.31%。

（4）家庭禀赋包括家庭主要收入来源（X_5）、家庭年均收入水平（X_6）以及家庭成员是否从事技术推广（X_7）三个部分。第一，渔民家庭收入主要来源因素。大多数家庭以渔业生产为主要收入来源，68.22%的渔民家庭收入主要来源于渔业生产经营活动，另有5.61%的渔民家庭收入不依靠渔业生产经营。第二，家庭年均收入水平因素。大多数渔民家庭的收入多集中在3万～20万元，约有19.31%的家庭年收入介于3万～5万元，26.17%的渔民家庭年收入在5万～10万元，27.73%的渔民家庭年收入介于10万～15万元，另有17.45%的家庭年收入介于15万～20万元。第三，家庭成员是否从事水产技术推广因素。在实际调研中，有84.42%的家庭并没有成员参与水产技术推广工作。

（5）生产条件变量具体包含渔民的生产目的（X_8）、生产方式（X_9）、是否享受补贴（X_{10}）和生产生态环境（X_{11}）四个部分。第一，生产目的因素。大部分渔民的生产目的是以自给自足或小规模商品化经营为主，其所占比重分别是46.42%和42.06%。第二，生产方式因素。在调查样本中，41.12%的渔户较为保守，完全依靠传统经验从事渔业生产活动，另有53.27%的渔户将传统经验与现代科技相结合，应用于实际生产，仅有5.61%的渔民完全依靠现代科技从事渔业生产。第三，是否享有补贴因素。在有效样本中，约有68.54%的渔民未曾享有渔业生产补贴，该渔民群体多集中在养殖中小户群体范围。第四，生产环境因素。在实际调研中，生产水域的生态环境相对较好，约有87.85%的渔民认为周边生产水域遭受污染影响较小（见表5-6）。

表5-6　渔民水产技术需求影响因素评价指标的描述性统计

变量		变量名称	变量定义
被解释变量		渔户技术需求（Y）	0 = 否，1 = 是
解释变量	渔户禀赋变量	年龄（X_1）	1 = 20 岁以下，2 = 21 ~ 30 岁，3 = 31 ~ 40 岁，4 = 41 ~ 50 岁，5 = 51 ~ 60 岁，6 = 60 岁以上
		学历水平（X_2）	1 = 小学及以下，2 = 初中，3 = 高中，4 = 专科，5 = 本科及以上
		身体健康状况（X_3）	1 = 健康，2 = 一般，3 = 较差
		从事渔业生产的时间（X_4）	1 = 3 年以下，2 = 3 ~ 5 年，3 = 5 ~ 10 年，4 = 10 年以上
	家庭禀赋变量	家庭主要收入来源（X_5）	1 = 渔业生产经营所得，2 = 非渔业生产经营所得，3 = 两者都有
		家庭年均收入水平（X_6）	1 = 3 万元以下，2 = 3 万 ~ 5 万元，3 = 5 万 ~ 10 万元，4 = 10 万 ~ 15 万元，5 = 15 万 ~ 20 万元，6 = 20 万 ~ 25 万元，7 = 25 万 ~ 30 万元，8 = 30 万元以上
		家庭成员是否从事技术推广（X_7）	0 = 否，1 = 是
	生产条件变量	生产目的（X_8）	1 = 自给自足生产，2 = 小规模生产，3 = 大规模生产
		生产方式（X_9）	1 = 完全依靠传统经验，2 = 在传统经验基础上运用现代科技，3 = 完全运用现代科技
		是否享有补贴（X_{10}）	0 = 否，1 = 是
		生态环境（X_{11}）	1 = 重度污染，2 = 中度污染，3 = 轻度污染，4 = 环境良好

（三）渔户对水产技术需求的影响因素分析

根据渔户的水产技术需求特征，运用 SPSS 17.0 统计软件对所调查的 321 名渔户的截面数据进行 Logistic 回归分析（见表 5 - 7）。

表 5 - 7　渔户对水产技术需求影响因素的 Logistic 回归结果

模型名称	渔户群体（模型Ⅰ）				
变量	系数	标准误差	统计量	显著性水平	发生比（%）
X_1	0.127	0.234	0.296	0.586	1.136
X_2	-0.429	0.240	3.185	0.074 *	0.651
X_3	0.511	0.436	1.378	0.240	1.668
X_4	-0.178	0.260	0.470	0.493	0.837
X_5	0.090	0.191	0.223	0.637	1.094
X_6	0.366	0.175	4.383	0.036 **	1.442
X_7	1.201	0.689	3.038	0.081 *	3.323
X_8	-0.238	0.340	0.049	0.484	0.788
X_9	2.526	0.339	55.394	0.000 ***	12.504
X_{10}	-1.298	0.365	12.674	0.000 ***	0.273
X_{11}	0.117	0.216	0.293	0.588	1.124
常量	-3.937	1.165	11.416	0.001 ***	0.020
预测准确比	81.0%				
卡方检验值	155.835				
-2Loglikehood	260.625				
Nagelkerke R	0.529				

注：*、**、***分别表示在 10%、5% 和 1% 的水平上显著。

第一，表 5 - 7 结果表明，模型Ⅰ预测准确比为 81.0%，极大似然估计值为 260.625，Nagelkerke R 的值为 0.529，模型Ⅰ具有统计意义。从各影响因素来看，渔户的学历水平、家庭年收入水平、家庭成员是否从事技术推广、生产方式和渔民是否享有渔业生产补贴五个要素影响渔民的水产技术选择。

（1）户主禀赋对渔户水产技术需求的影响。渔户的学历水平对其选择水产技术具有一定的影响，该变量回归系数是 -0.429，且在 10% 水平上呈现负向显著关系，这表明随着学历水平的提升，渔民通过自身获取水产技术的主观能动性不断加强，而对水产技术推广机构提供的常规性水产技术的需求程度却不断降低。现实中，渔户的年龄水平、健康水平和从事渔业生产的时间对其水产技术需求影响不显著。

（2）家庭禀赋对渔户水产技术需求的影响。渔户家庭年收入水平对其水产技术需求在 5% 水平呈现正向显著关系，变量回归系数是 0.366，这说明随着渔户家庭收入的不断增加，其对先进水产技术的需求和选择就更多，家庭年收入的增加有益于促进渔户选择更多、更先进的水产技术。与此同时，家庭成员是否参与水产技术推广因素在10%水平上呈现正向显著关系，这表明渔户家庭中有成员从事水产技术推广工作，更有利于推动渔户接触先进水产技术，渔户对先进水产科技的需求程度就越高。家庭禀赋的家庭收入来源因素对渔户水产技术需求无显著性影响。

（3）生产条件对渔户水产技术需求的影响。经测度，渔户的生产方式对渔户技术需求的回归系数是2.526，该变量在1%水平上呈现正向显著关系，表明渔户对现代化生产技术接触越多，其更愿意将先进的水产技术应用于渔业生产。渔户是否享有生产性补贴变量的回归系数是 -1.298，该要素在1%水平上呈现负向显著关系，这表明渔户得到越多的生产性补贴，将会降低其对渔业生产活动的积极性，其对先进水产技术的需求程度就会降低。通过测度发现，生产目的变量和生产环境变量对影响渔户水产技术需求并无明显的影响。

由于捕捞渔户以从事天然捕捞活动为主，而养殖渔户多以后天养殖活动为主，两者的生产方式存在较大差异，因此两者的技术需求特征也各不相同。鉴于此，根据渔户属性继续对121名捕捞渔户和200名养殖渔户的截面数据进行两项Logistic回归分析，进一步探究影响两者水产技术需求的相关因素。表5－8中，模型Ⅱ和模型Ⅲ的预测准确比分别为79.3%和83%，极大似然估计值分别是109.643和126.562，Nagelkerke R的值分别是0.456和0.437，表明两个模型都具有统计意义。

现实中，捕捞渔户与养殖渔户的生产方式各不相同，由此决定两者的技术需求特征也存在一定差距。在掌握渔户总体水产技术需求影响水平的基础上，需要对捕捞渔户和养殖渔户的技术需求影响因素予以进一步分析，可以有重点地加强政府水产技术推广工作，完善水产技术推广体系。鉴于此，本书分别对121名捕捞渔户和200名养殖渔户的截面数据进行两项Logistic回归分析（见表5－8）。

表5－8　捕捞渔户和养殖渔户对水产技术需求影响因素的Logistic回归结果

模型名称	捕捞渔户群体（模型Ⅱ）			养殖渔户群体（模型Ⅲ）		
变量	系数	显著性水平	发生比	系数	显著性水平	发生比（%）
X_1	-0.383	0.405	0.682	0.222	0.452	1.249
X_2	-0.792	0.109	0.453	-0.458	0.143	0.633
X_3	0.950	0.216	2.585	0.236	0.709	1.266
X_4	0.507	0.224	1.661	-0.626	0.088 *	0.535

续表

模型名称	捕捞渔户群体（模型Ⅱ）			养殖渔户群体（模型Ⅲ）		
变量	系数	显著性水平	发生比	系数	显著性水平	发生比（%）
X_5	0.209	0.611	1.232	−0.142	0.555	0.868
X_6	−0.188	0.600	0.829	0.523	0.018 **	1.687
X_7	21.934	0.999	3.3E9	0.539	0.448	1.715
X_8	0.190	0.751	1.209	−0.299	0.526	0.741
X_9	2.149	0.000 ***	8.578	2.419	0.000 ***	11.239
X_{10}	−1.459	0.014 **	0.232	0.116	0.896	1.123
X_{11}	0.676	0.318	1.966	0.165	0.550	1.179
常量	−4.654	2.678	3.021	−2.343	0.135	0.096
预测准确比	79.3%			83.0%		
卡方检验值	48.983			61.966		
−2Loglikehood	109.643			126.562		
Nagelkerke R	0.456			0.437		

注：*、**、*** 分别表示在 10%、5% 和 1% 的水平上显著。

第二，模型Ⅱ结果表明，户主禀赋变量和家庭禀赋变量的影响因素对捕捞渔户的水产技术需求并没有产生较大的影响，生产条件变量是作用捕捞渔户水产技术需求的关键。主要是捕捞渔户的生产方式和在日常生产中能否享有补贴影响其主要水产技术需求。

（1）生产方式因素对捕捞渔户水产技术需求具有正向显著影响。通过测算发现，生产方式要素在 1% 水平上呈现显著作用，回归系数为 2.149，该因素对捕捞渔户水产技术需求呈现正向显著关系。现实中，捕捞渔户使用的水产技术具有较强的常规性，技术主要集中在以使用新型捕捞网为中心的科学捕捞技术和生产工具安全使用技术两个方面，随着我国碳汇渔业的发展，捕捞渔业正由传统粗放式向新型集约式转变（邵桂兰等，2012），捕捞渔户对使用现代水产捕捞技术的欲望日益增强。实践中，捕捞渔户通过使用现代捕捞水产技术得到更好的收益，进而对更多现代化捕捞技术的需求也日益增强，作业方式较为传统的捕捞渔户也殷切希望获得更多的现代捕捞技术，因此，该影响因素对捕捞渔户水产技术需求的影响最为明显。

（2）是否享有补贴因素对捕捞渔户水产技术需求具有负向显著影响。通过实地调研发现，捕捞渔户是获得政府燃油补贴的主体，针对捕捞渔业产业结构优化工作的推进，老旧型捕捞渔船的报废补贴力度也不断增大，捕捞渔户"获补贴，不生产"的现实问题日益突出。通过测度结果发现，是否享有补贴因素在 5% 水平上呈现显著作用，具体回归系数为 −1.459，该因素对捕捞渔户水产技术需求呈现负向显著关系，这说明随着补贴力度的加强，越来越多的捕捞渔户对现状的满足程度不断增强，生产活动的减少导致捕捞渔户对新型水产技术的需求程度不断减少。

第三，模型Ⅲ结果表明，户主禀赋变量、家庭禀赋变量和生产条件变量对养殖渔户水产技术需求都呈现显著影响。

（1）从事渔业生产时间因素对养殖渔户水产技术需求呈现负向显著影响。从事渔业生产的时间因素在10%水平上显著，且回归系数为－0.626，表明该因素对养殖渔户水产技术需求影响较为显著。随着养殖渔户生产时间的增多，其自身掌握了较多的生产技术，随着渔户年龄的增长，对技术掌握程度不断加强，随着渔户传统生产经验日益丰富，对水产新技术和新苗种的需要也趋于保守，从而出现从事渔业生产时间越长，对水产养殖技术的需求越低。

（2）家庭年均收入水平因素对养殖渔户水产技术需求呈现正向显著影响。家庭年均收入水平因素在5%水平上显著，其回归系数为0.523，表明该因素对提高养殖渔户的水产技术需求具有正向作用。究其原因，主要是随着养殖渔户家庭收入水平的提升，渔户的经济实力不断增加，可以购买更多的养殖设备，为引进更多的水产技术奠定物质基础，养殖渔户的水产技术需求随着经济实力的增强而不断增加。

（3）生产方式因素对养殖渔户水产技术需求呈现正向显著影响。生产方式因素在1%水平上影响显著，其回归系数是2.419，该因素对养殖渔户的水产技术需求具有积极影响。现实中，完全依靠传统经验的养殖渔户对新型水产技术的需求程度较低，随着部分养殖渔户对现代水产技术使用的加强，该群体对新型水产技术的需求程度不断提升，现代化水平越高的养殖渔户越发需要新型水产技术作为生产支撑。

比较而言，影响捕捞渔户和养殖渔户的因素既有交叉也有平行。生产条件变量中的渔业生产方式因素对捕捞渔户和养殖渔户的技术需求具有推进作用，其在1%水平上呈现显著作用，说明该因素对捕捞渔户和养殖渔户的技术采纳的影响较强。从两者的差别来看，针对捕捞渔户影响更大的因素主要是生产条件变量，这也与捕捞渔业受资源与环境的影响更大有关；而影响养殖渔户的技术需求的因素则兼顾渔户个人禀赋、家庭禀赋及生产条件等变量，这也与现代水产技术推广工作向养殖渔业方向倾斜密切相关。

第四节　水产技术供给与需求契合度分析

通过对水产技术推广供给和需求现状的研究，说明水产技术供求之间存在一定失衡。基于此，本节从水产技术供给和需求的契合关系出发，运用供求契合度模型将"现实性供给"和"期望性需求"进行对比，从水产技术推广内容、技术推广主体和技术推广方式三个方面进行比较分析。

一、供求契合度模型

契合理论在管理学中分为能力需求契合和供给需求契合两部分，其中供给需求契合表示员工从事的工作与自身的期望、偏好以及诉求相吻合。供求契合模型是在供求契合理论基础上进行构建的，其将渔户的实际现状与期望诉求作对照，探究供给和需求之间的差异。具体来看，供求契合度模型如下：

$$M_f = \sum_{i=1}^{n} \frac{x_1 + x_2 + x_3 + \cdots + x_{n-1} + x_n}{n} \qquad (5-3)$$

在公式（5-3）中，M_f 表示水产技术供求契合度的总体水平，x_i 表示第 i 个渔户的供求契合度水平，n 表示各类水产经营主体的数量。其中，渔户的供求契合度水平运用对比计算法进行计算，被调研渔户根据自己的技术需求选择自己需要的技术类型，同时将其在现实生产过程中接触过的水产技术视为供给现状。

根据上述方法，若渔户自身技术需求同供给现实情况相似，表明该渔户的水产技术供求契合度水平高；若渔户的自身技术需求同供给现实情况相差较大，表明该渔户的水产技术供求契合水平低。基于此，首先，将不同渔业经营主体有关的 11 项水产技术的供给和需求情况分别进行呈现：若渔户在实际生产过程中能够接触并使用某项水产技术，则将该事件赋值为 1，反之为 0；若渔户在实际生产过程中需要某项技术并具有强烈的需求意愿，则将该事件赋值为 1，反之则为 0。按照此分类规定，水产技术的供求情况将呈现供求平衡、供大于求、供小于求和供求无效四种方式。当供给和需求的赋值同时为 1 时，将此情况视为供求完全契合，即供求契合度为 1。其次，计算出每一位渔户每项水产技术供求相等时占总数的比重。最后，将不同类型渔户的供求契合度相加，再除以渔户数量 n，最终得到渔户水产技术推广内容的供求契合度。

二、水产技术推广内容供求契合度分析

《中华人民共和国农业技术推广法》对农业技术进行了分类，结合渔业发展及渔业实用技术使用现实，现将水产技术具体分为八类（见表5-9）：基于水产捕捞产业与水产养殖产业的生产差异性，将水产科学捕捞技术归为第一类专业技术；水生生物良种繁育技术和水产健康养殖技术归为第二类专业技术；水生生物疫病防治技术和水生生物科学用药技术是降低水生生物发病率的专项技术，归为第三类专业技术；水产品加工、包装、贮藏、运输技术是保证水产品质量的配套性技术，归为第四类专业技术；生产工具安全使用技术是生产安全技术活动，归为第五类专业技术；水产品质量安全技术是保障水产品从生产源头到进入市场过程中的产品质量保障性技术，归为第六类专业技术；水产生产防灾减灾技术是能最大限度降低渔户生产损失的预防性技术，归为第七类专业技术；水产公共信息技术和水产生态环境监测预报属于水产生产过程中相关信息服务技术，归为第八类专业技术。

捕捞渔户应用的水产技术主要是第一类、第四类、第五类、第七类和第八类，养殖渔户对全部水产技术都有应用。

表5-9　水产技术相关内容分类

技术分类	技术名称
第一类专业技术	水产科学捕捞技术
第二类专业技术	水生生物良种繁育技术、水产健康养殖技术
第三类专业技术	水生生物疫病防治技术、水生生物科学用药技术
第四类专业技术	水产品加工、包装、贮藏、运输技术
第五类专业技术	生产工具科学使用技术
第六类专业技术	水产品质量安全技术
第七类专业技术	水产生产防灾减灾技术
第八类专业技术	水产公共信息技术、水产生态环境监测预报

（一）捕捞渔户水产技术内容的供求契合度评价

从图5-5来看，捕捞渔户的水产技术内容供求矛盾主要表现为有效供给不足、有效需求不足及供求平衡三个方面。第五类专业技术的供求匹配程度最高，技术供求比为103.03%，距最优状态仅差3.03%；第一类专业技术的供求比为102.06%，比第五类专业技术供求度略低0.07%，两者相差不大。第五类和第一类专业技术都呈现供大于求状态，表明水产技术推广站对捕捞渔户在科学捕捞和生产工具安全使用方面推广较好。第七类和第八类专业技术存在供小于求，供求

比分别是62.5%和50%，距供求最优状态差距较大，表明水产技术推广站为捕捞渔户提供的公益性服务不能满足捕捞生产。供求最优状态技术为第四类专业技术，尤其对捕捞水产品的贮藏与运输提供了大量支持。

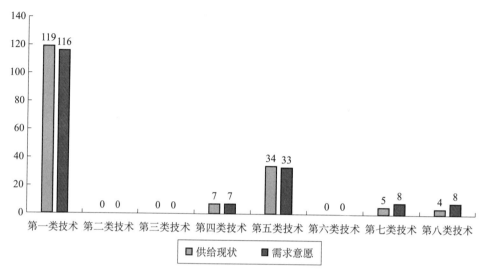

图5-5　水产技术（捕捞渔户）供给与需求现状

水产供求比是从总体角度对水产技术的供求情况进行研究，供给和需求的相关数量通过累加形式并不能在供求契合的基础上得以展现，不能真实反映供求契合的客观现实。因此，为方便对比不同类型水产技术供求契合程度，必须对渔户的推广内容的供求契合度进行计算与分析。根据供求契合度模型的计算方法，对捕捞渔户的相关水产技术推广内容的供求契合度水平进行测度（如表5-10所示）。

捕捞渔户水产技术推广内容总体契合度为15.39%，供求契合水平很低，表明只有少数捕捞渔户的技术需求得以有效解决。第一类专业技术的供求契合度为94.21%，表明水产科学捕捞技术的供求契合水平较高，绝大多数捕捞渔户的生产捕捞技术需求得到了满足，从根本上保证了捕捞生产；第四类专业技术的供求契合度仅为0.83%，供求契合水平较低，只有少数捕捞渔户的水产品加工、贮藏与运输技术得以解决；第五类专业技术的供求契合度为24.8%，表明生产工具安全使用技术的供求契合水平较低，只有1/4的捕捞渔户的技术需求得到满足；第七类专业技术的供求契合度为3.31%，表明大部分捕捞渔户的风险规避需求无法得到足，供求契合水平较低；第八类专业技术供求契合度为0，表明水产技术提供的技术服务没有满足少量捕捞渔户的实际需求。

表 5 – 10　水产技术（捕捞渔户）供求契合水平

技术分类	供求契合数	供求契合度（%）	总体供求契合度（%）
第一类专业技术	114	94.21	
第二类专业技术	0	0	
第三类专业技术	0	0	
第四类专业技术	1	0.83	15.39
第五类专业技术	30	24.80	
第六类专业技术	0	0	
第七类专业技术	4	3.31	
第八类专业技术	0	0	

（二）养殖小户水产技术内容的供求契合评价

养殖小户是水产养殖户的经营规模最小、自给程度最高的群体，水产技术内容供求也呈现有效供给不足、有效需求不足及供求平衡三个方面。在图 5 – 6 中，养殖小户群体供求匹配程度最高的技术是第三类专业技术，呈现有效需要不足的技术是第一类、第二类和第五类专业技术，其距最优供求状态分别相差 8%、19.74% 和 33.33%。水产科学捕捞技术供求差距最小，水生生物健康养殖、良种繁育技术和生产工具安全使用技术的供给数量高于需求实际数量。第四类、第六类、第七类和第八类专业技术呈现有效供给不足，其技术的供给现状不能满足养殖小户的需求意愿。距最优供求状态差距最小的是水产品加工、包装、贮藏和运输技术，供求差仅为 7.14%，供求匹配程度较好；距最优供求状态差距最大的是第八类专业技术，其供求差距为 25%，技术供求匹配度最低；第六类和第七类水产专业技术的供求比距离最优供求状态介于前两者之间，水产品质量安全技术和水产生产防灾减灾技术的供求匹配程度有待提高。

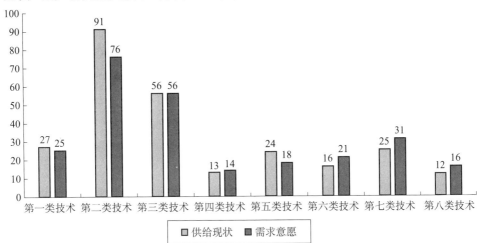

图 5 – 6　水产技术（养殖小户）供给与需求现状

在表 5 - 11 中，养殖小户水产技术推广内容的总体供求契合度为 28.05%，总体契合水平较低。其中，契合水平较高的水产技术是第二类和第三类专业技术，水生生物健康养殖和良种繁育技术供求契合度为 64.1%，水产品科学用药技术和疫病防治技术供求契合度为 61.54%，表明推广的基础性水产养殖技术能满足大部分养殖小户的需要，在现实生产过程中该技术使用频率相对最高；供求契合水平较低的水产技术为第五类专业技术，其技术供求契合度为 30.77%，表明不足 1/3 的养殖小户的生产工具安全使用需求得以解决，大部分渔户的技术需要得不到有效解决；供求契合水平很低的水产技术为第一类、第七类、第四类和第八类专业技术，其技术供求契合度分别是 28.21%、19.23%、10.26% 和 10.26%，从一定程度来讲，水产科学捕捞技术仅满足不及 1/3 的养殖小户，生产防灾减灾技术仅满足不及 1/5 养殖小户，水产品加工、包装、贮藏与运输技术和水产信息服务技术仅满足 1/10 的养殖小户，技术需求缺口较大；第六类专业技术的供求契合水平最低，其供求契合度仅为 6.41%，表明推广的水产品质量安全技术完全不能满足养殖小户的需要。

表 5 - 11　水产技术（养殖小户）供求契合水平

技术分类	供求契合数	供求契合度（%）	总体供求契合度（%）
第一类专业技术	22	28.21	
第二类专业技术	50	64.10	
第三类专业技术	48	61.54	
第四类专业技术	8	10.26	
第五类专业技术	14	30.77	28.05
第六类专业技术	10	6.41	
第七类专业技术	15	19.23	
第八类专业技术	8	10.26	

（三）养殖中户的水产技术内容的供求契合评价

养殖中户的养殖规模水平较养殖小户相对较大，其生产经营以获得一定收益为基础，对先进水产技术的需求水平相对较高。现实中，养殖中户水产技术内容供求矛盾主要表现为有效供给不足、有效需求不足及供求平衡三个方面。图 5 - 7 中，第二类专业技术的技术供求比为 100%，表明水产技术推广主体提供的水生生物健康养殖和科学用药技术解决了养殖中户的生产难题。呈现有效需求不足的水产技术有第一类、第三类、第五类和第六类专业技术，表明水产技术推广主体对水产科学捕捞、水生生物疫病防控与科学用药、生产工具安全使用和水产品质量安全等先进技术方面对养殖中户进行了重点推广，但在捕捞中户中由于现实需求不高导致这些技术供应过剩。同最优技术供求状态差距最小的是第五类专业技术，技术偏差仅为 8%，技术供求相对较好；第一类、第三类和第六类专业技术距最优技术状态偏差为 30% 左右，该技术存在较大的资源供给浪费。呈现有效供给不足的水产技术有第四类、第七类和第八类专业技术，表明水产品加工、包装、贮藏和运输技术同水产生产防灾减灾技术及服务性水产技术的现有供给不能满足养殖中户的生产需要。第四类和第八类专业技术供给距最优供给状态分别相差 8% 和 6.67% 左右，少数渔户的技术需求不能实现供应；第七类专业技术的供求差为 26.92%，绝大多数养殖中户对防灾减灾技术需求较高，但技术供给却呈现不足。

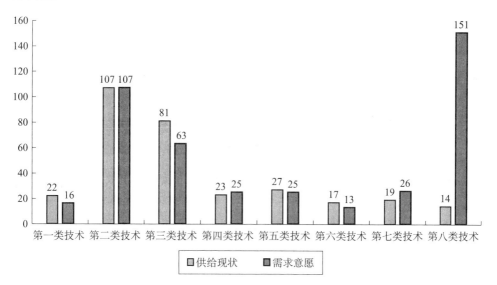

图 5 - 7　水产技术（养殖中户）供给与需求现状

在表 5 - 12 中，水产养殖中户的总体技术供求契合度为 25.54%，供求契合水平较低，同养殖小户相比，总体供求契合度水平更低。在有效样本中，第二类专业技术的供求契合水平最高，表明有效的水生生物健康养殖技术和良种繁育技术供给能满足绝大多数养殖中户的需求。第三类专业技术的供求契合度是49.46%，表明近 1/2 的养殖中户对水生生物科学用药技术和疫病防治技术的需要得以解决，供求契合处于一般水平。第一类、第四类、第五类和第七类专业技术供求契合水平很低，大部分渔户的技术需求没有依靠技术推广体系解决。水产科学捕捞技术的供求契合度低至 10.75%，只有极少数的养殖中户的需求得以解决；水产品加工、包装、贮藏、运输技术的供求契合度为 13.98%，大多数养殖

户的技术需要无法依靠技术推广解决；生产工具安全使用技术的供求契合度为
16.13%，大部分养殖户的技术难题无法解决；水产生产防灾减灾技术的供求契
合度为12.9%，仅有少数养殖户的技术需求得以解决。第六类和第八类专业技术
供求契合水平极低，第六类和第八类专业技术供求契合度分别是7.53%和
8.6%，说明推广站提供的水产品质量安全技术和技术性服务在生产中发挥作用
不大。

表5-12　水产技术（养殖中户）供求契合水平

技术分类	供求契合数	供求契合度（%）	总体供求契合度（%）
第一类专业技术	10	10.75	
第二类专业技术	79	84.95	
第三类专业技术	46	49.46	
第四类专业技术	13	13.98	25.54
第五类专业技术	15	16.13	
第六类专业技术	7	7.53	
第七类专业技术	12	12.90	
第八类专业技术	8	8.60	

（四）养殖大户的水产技术内容的供求契合评价

养殖大户是生产规模最大、生产能力最强、先进技术使用最多的群体，其在
水产技术供求矛盾也表现为有效供给不足、有效需求不足和供求平衡三个方面
（见图5-8）。第四类专业性技术的供求呈现平衡状态，其技术供求匹配程度最
好，这说明水产技术推广站将水产品加工、包装、贮藏和运输技术推广为养殖大
户进行了重点推广，为养殖大户规模化生产提供技术支持。养殖大户对先进水产
技术的需求较大，呈现有效供给不足状态的专业技术主要有第二类、第三类、第
五类、第六类和第八类专业技术，基础性技术供给不足问题突出。具体来看，水
产健康养殖技术和水生生物良种繁育技术的供求比重是84.62%，仍有少数的养
殖大户无法及时获得该技术；水生生物科学用药和疫病防治技术的供求比重是
78.13%，推广站未能给1/5的养殖大户予以技术指导；生产工具安全使用技术的
供求比重为60%，技术供给缺口较大，多达四成的养殖大户无法得到该项技术的供
给；养殖大户对水产品质量安全技术的需求量较大，但仍有部分养殖大户无法通过
技术推广接触该技术；水产公共信息服务和水产生态环境监测预报仅满足68%的养
殖大户的需求，技术供给能力明显不足。针对养殖大户群体，呈现技术供给过量的
专业技术主要是第一类和第七类。表明水产技术推广站对基础性捕捞技术和防灾减
灾技术给予了重点推广，这两项技术距最优状态分别多9.1%和25%。

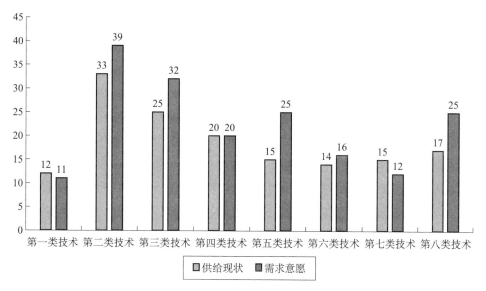

图 5 - 8　水产技术（养殖大户）供给与需求现状

　　在表 5 - 13 中，养殖大户水产技术推广内容的总体供求契合度为 52.15%，是渔户群体中总体供求契合比重最高的群体，总体供求契合水平较高。在各类专业技术中，供求契合水平处于极高状态的是第二类专业技术，表明水产技术推广站满足绝大部分具有水产健康养殖需求的养殖大户，技术供求契合度高达 93.1%。供求契合水平较高的水产技术主要是第三类、第四类和第五类专业技术。水生生物科学用药和疫病防治技术的供求契合度为 75.86%，说明 3/4 的养殖大户的技术需求得到了水产技术推广站专业性指导，其技术需求得到切实解决；水产品加工、包装、贮藏和运输技术和生产工具安全使用技术的供求契合度都为 51.72%，表明水产技术推广站的相应技术供给为一半以上有需求的养殖大户解决了难题。供求契合水平处于较低状态的是第一类、第七类和第八类专业技术。水产科学捕捞技术的供求契合度为 34.48%，表明只有 1/3 的养殖大户的先进捕捞技术需求得到了水产技术推广站的有效指导；水产生产防灾减灾技术的供求契合度为 37.93%，说明有不到 2/5 的养殖大户能在实际生产中获得自己切实需要的灾害防治技术；水产公共信息服务和水产生态环境检测预报服务的供求契合度为 48.28%，表明接近一半的养殖大户能在实际生产中使用水产公共信息，通过水产生态环境监测预报服务及时准确地调整生产。供求契合水平处于很低的水产技术是第六类专业技术，表明养殖大户高度重视水产品质量安全，其技术供求契合度仅为 24.14%。

表5-13 水产技术（养殖大户）供求契合水平

技术分类	供求契合数	供求契合度（%）	总体供求契合度（%）
第一类专业技术	10	34.48	
第二类专业技术	27	93.10	
第三类专业技术	22	75.86	
第四类专业技术	15	51.72	52.15
第五类专业技术	15	51.72	
第六类专业技术	7	24.14	
第七类专业技术	11	37.93	
第八类专业技术	14	48.28	

三、水产技术推广主体供求契合度分析

通过研究水产技术推广内容的供求契合关系，明确了异质性渔户对不同水产技术的需求现实，也对水产技术的供给现实有了一定的把握。现实中，水产技术推广主体是实现先进水产技术推广的重要载体，分析不同水产技术推广主体的现实推广供需，对现行水产技术推广体系的改革具有一定的现实意义。基于此，本节对当前水产技术推广主体的供求契合现实进行分析。

（一）捕捞渔户的水产技术供求契合评价

现实中，针对捕捞渔户的各类水产技术推广主体中，其供求矛盾主要表现为有效供给不足和有效需求不足两个方面（见图5-9）。呈现有限供给不足状态的推广主体主要有水产技术推广站、水产经济合作社、水产龙头企业、水产科研院

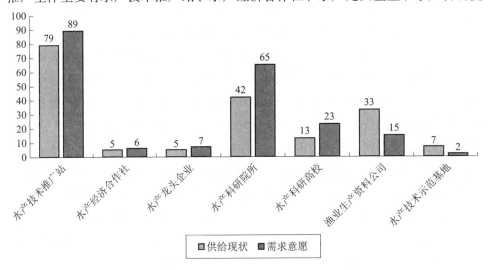

图5-9 水产技术推广主体（捕捞渔户）供求现状

所和水产科研高校。其中，水产技术推广站的技术供给数量略低于捕捞渔户的需求，其供求比重为88.76%，是发挥推广作用最大的机构；水产经济合作社和水产龙头企业的供给与需求数量相对较小，其供求比分别为83.33%和71.43%，少数捕捞渔户在现实生产中没接受过水产技术推广站的指导；水产科研院所和科研高校的技术供求比重分别为64.62%和56.52%，从供求数量来看，捕捞渔户对水产科研机构的认可度较高。呈现有限需求不足状态的推广主体是渔业生产资料公司和水产技术示范基地，其技术供求比分别为220%和350%，表明该机构同捕捞渔户联系紧密，为捕捞渔户提供了较多的技术指导。

从各水产技术推广主体同捕捞渔户的供求契合水平来看（见表5-14），总体契合度是12.75%，表明各技术推广主体为捕捞渔户群体提供了较少的有效指导。水产技术推广站的技术供求契合度为44.63%，供求契合水平呈现一般水平，有一半以上的捕捞渔户的技术需要无法依靠水产技术推广站解决；水产龙头企业的技术供求契合度仅为3.31%，供求契合水平极低，该机构为捕捞渔户解决技术难题发挥了微乎其微的作用；水产科研院所的技术供求契合度为27.27%，水产技术供求契合水平很低，只有不到1/3捕捞渔户的技术需要得到解决，该机构为解决捕捞渔户的难题发挥了一定作用；水产科研高校的技术供求契合度为4.96%，供求契合水平极低，捕捞渔户的技术难题无法依靠科研高校得到解决；渔业生产资料公司的技术供求契合度为9.09%，契合水平极低，为渔户生产难题的解决发挥了极小的作用；水产经济合作社和水产技术示范基地的供求契合度都为0，表明两者无法为捕捞渔户提供有效的技术支持。

表5-14　水产技术推广主体（捕捞渔户）供求契合度测度

推广主体	供求契合数	供求契合度（%）	总体供求契合度（%）
水产技术推广站	54	44.63	
水产经济合作社	0	0	
水产龙头企业	4	3.31	
水产科研院所	33	27.27	12.75
水产科研高校	6	4.96	
渔业生产资料公司	11	9.09	
水产技术示范基地	0	0	

（二）养殖小户的水产技术供求契合评价

针对养殖小户的各类水产技术推广主体中，其供求矛盾表现为有效供给不足和有效需求不足两个方面（见图5-10）。具体来看，表现为有效供给不足的推广主体较多，主要是水产技术推广站、水产经济合作社、水产龙头企业、水产科研院所、渔业生产资料公司和水产技术示范基地，而表现为有效需求不足的推广主体是水产科研高校。其中，水产技术推广站的供求数量较大，其技术供求比为88.76%，为养殖小户提供的技术指导相对充足；水产经济合作社提供的水产技术供求比为94.74%，该机构为合作社内部养殖小户提供了大量的技术支持；水产龙头企业的技术供求比为59.26%，说明水产龙头企业技术很大程度上不能满足养殖小户的生产需要；水产科研院所和水产科研高校提供的技术供应同养殖小户的需要比都是83.33%，表明水产科研院校为养殖小户提供了较好的技术支持；水产技术示范基地也为养殖小户提供了较为充足的技术支持，其技术供求比为94.14%。渔业生产资料公司为养殖小户提供了大量的水产技术，其技术供求比为132%，该机构对养殖小户的技术支持力度很大。

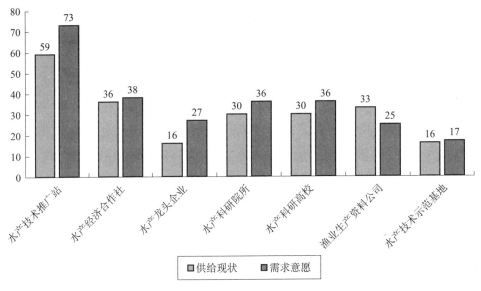

图5-10 水产技术推广主体（养殖小户）供求现状

从水产技术推广主体的供求契合水平来看（见表5-15），其针对养殖小户的总体契合度是28.76%，这表明技术供求契合水平很低，各类推广主体提供的技术服务难以满足大部分养殖小户的生产需求。从不同类型的水产技术推广主体来看，技术供求契合度较高水平的是水产技术推广站，其技术供求契合度为73.08%，这表明水产技术推广站提供的技术满足大部分养殖小户的需求。其他水产技术推广主体的技术供求契合水平都很低，表明这些推广主体的推广工作有待加强。水产经济合作社的技术供求契合度为 29.49%，表明该机构的技术供给只能满足合作社内养殖小户群体需求；水产龙头企业的技术供求契合度为 15.38%，其提供的技术支持只满足很少养殖小户的需求；水产科研院所和渔业生产资料公司的技术供求契合度为 23.08%，表明科研机构和渔业生产资料公司的技术供应也只满足了少数养殖小户的技术需要；水产科研高校的技术供求契合度为 23.08%，表明只有 1/5 的养殖小户需求得到满足，水平较低；水产技术示范基地的技术供求契合度仅为 11.54%，其契合水平略高于极低水平状态，表明该机构的技术示范推广效果在养殖小户群体未起到应有的示范指导作用。

表 5 - 15　水产技术推广主体（养殖小户）供求契合度测度

推广主体	供求契合数	供求契合度（%）	总体供求契合度（%）
水产技术推广站	57	73.08	
水产经济合作社	23	29.49	
水产龙头企业	12	15.38	
水产科研院所	18	23.08	28.76
水产科研高校	20	25.64	
渔业生产资料公司	18	23.08	
水产技术示范基地	9	11.54	

（三）养殖中户的水产技术供求契合评价

针对养殖中户的各类水产技术推广主体中，其供求矛盾主要表现为有效供给不足和有效需求不足两个方面（图 5 - 11）。呈现有效供给不足的推广主体分别是水产技术推广站、水产经济合作社、水产科研院所、水产科研高校和渔业生产资料公司。从现实供给和需求来看，渔业生产资料公司提供的技术服务供求比距最优供求状态相差 10.53%，是有效供给不足状态下差距最小的水产技术推广主体，以此标准，水产技术推广站、水产经济合作社的供求比重都在 80% 以上，这也说明这三个机构的技术供给主要服务于绝大多数养殖中户。水产科研院所和科研高校的技术供求比分别是 59.26% 和 24.62%，科研院所和科研高校为养殖中户提供的技术支持力度差距很大，这两个机构在养殖中户中发挥的技术推广效果不大。呈现有效需求不足的推广主体分别是水产龙头企业和水产技术示范基地，其技术供求比分别是 115% 和 122.86%，其距最优供求状态分别高出 15% 和 22.86%，水产龙头企业和水产技术示范基地为养殖中户提供了较多的技术支持。

现阶段，各水产技术推广主体的技术供求契合水平较低（见表 5 - 16），总

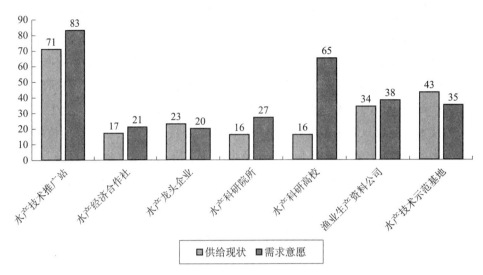

图 5 – 11   水产技术推广主体（养殖中户）供求现状

体供求契合度为 30.88%，各类推广主体不能满足绝大多数养殖中户的技术需要。具体来看，水产技术推广站的技术供给情况最好，其供求契合度为 68.82%，供求契合水平较高，该机构也是解决养殖中户水产技术需求的主力；水产经济合作社的水产技术供求契合度为 47.31%，供求契合水平较低，但也是满足养殖中户需求的第二大技术供给机构；水产龙头企业和水产科研院校的技术供求契合度都为 25.81%，供求契合水平很低，这两类技术推广主体只为不足 1/4 的养殖中户的需要；水产科研高校为养殖中户提供水产技术的供求契合度仅为 17.2%，供求契合水平较低，解决了极少数养殖中户的技术难题；渔业生产资料公司的技术供求契合度为 19.35%，技术供求契合水平较低，其技术供给只满足了少量养殖中户的生产需求；水产技术示范基地的技术供求契合度为 11.83%，供求契合水平很低，是为养殖中户提供有效技术指导作用最低的推广主体。

表 5 – 16   水产技术推广主体（养殖中户）供求契合度测度

推广主体	供求契合数	供求契合度（%）	总体供求契合度（%）
水产技术推广站	64	68.82	
水产经济合作社	44	47.31	
水产龙头企业	24	25.81	
水产科研院所	24	25.81	30.88
水产科研高校	16	17.20	
渔业生产资料公司	18	19.35	
水产技术示范基地	11	11.83	

（四）养殖大户的水产技术供求契合评价

针对水产养殖大户群体，水产技术推广主体供求现状呈现有效供给不足和有效需求不足两种状态（见图5－12）。具体来看，呈现有效供给不足的机构是水产经济合作社、水产科研院所、水产科研高校和水产技术示范基地；呈现需求不足状态的是水产技术推广站、水产龙头企业和渔业生产资料公司。水产技术推广站、水产龙头企业和渔业生产资料公司是为养殖大户提供水产技术的主要机构。水产技术推广站、水产龙头企业和渔业生产资料公司的技术供求比同最优供求状态分别相差25%、15%和40%，这三个推广主体为养殖大户提供了大量的高端水产技术服务指导。有效供给呈现不足的水产技术推广主体中，水产经济合作社的技术供求比相对最高，其供求比是80.95%，其为养殖大户提供了较多的技术服务；水产技术示范基地相比水产经济合作社提供的技术支持比重相对少一些，但也为广大养殖大户提供了技术支持；水产科研院所和科研高校的技术供求比分别是59.26%和58.33%，接近一半以上的养殖大户无法接触到水产科研机构提供的技术指导。

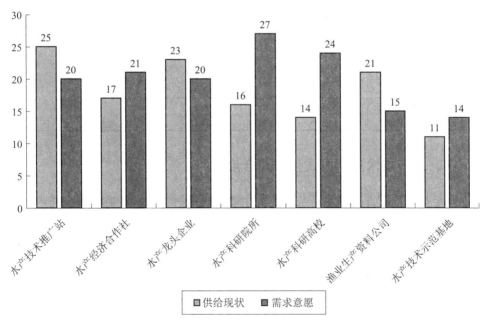

图5－12　水产技术推广主体（养殖大户）供求现状

从水产技术推广主体供求契合水平来看，针对养殖大户群体的总体技术供求契合度为43.35%，在水产养殖户群体中比重最高（见表5－17）。从各水产技术推广主体的供求契合水平来看，水产技术推广站的技术供求契合度为55.17%，表明有一半以上的养殖大户的技术需求在水产技术推广站的指导下得以满足；水产经济合作社的技术供求契合度为44.83%，技术供给只满足了不足一半的养殖大户需求；水产龙头企业的技术供求契合度为62.07%，供求契合水平较高，表明水产龙头企业的技术供给可以满足较多养殖大户的需要；水产科研院所、水产龙头企业和渔业生产资料的技术供求契合水平分别是48.28%、37.93%和39.47%，供求契合水平不高，表明水产科研机构和渔业生产资料公司分别从高端技术供给和先进生产资料技术供给方面为部分养殖大户群体提供了技术指导，也满足该群体养殖大户的技术需求，利于大规模和高端水产生产的进行；水产技术示范基地的技术供求契合度为17.24%，是技术供求契合水平最低的推广主体中，表明水产技术示范基地的技术供应只满足了少部分养殖大户的现实需求，其提供的相关技术同养殖大户的实际生产需求有很大差距。

表5－17　水产技术推广主体（养殖大户）供求契合度测度

推广主体	供求契合数	供求契合度（%）	总体供求契合度（%）
水产技术推广站	16	55.17	
水产经济合作社	13	44.83	
水产龙头企业	18	62.07	
水产科研院所	14	48.28	43.35
水产科研高校	11	37.93	
渔业生产资料公司	11	37.93	
水产技术示范基地	5	17.24	

四、水产技术推广方式供求契合度分析

水产技术推广方式是水产技术推广主体将先进科学技术传播给广大需求型渔业的方式方法，把握水产技术推广方式的供给与需求，明晰水产技术推广方式供求契合关系，对加强水产技术推广体系中有效开展技术推广具有积极意义。

（一）捕捞渔户的水产技术供求契合评价

针对捕捞渔户的水产技术推广方式中，其供求关系主要呈现为有效供给不足和有效需求不足两种状态（见图5－13）。其中，传统传媒信息共享和新兴传媒信息共享方式的供给工作较好，呈现有效需求不足状态；而其他技术供给方式呈现有效供给不足的状态。其中，渔业生产资料公司专人指导和水产技术推广站定期培训的技术供求比分别是75%和63.04%，其同最优供求状态分别相差

36.96% 和 25%，这是有效供给不足推广方式中供求比重较高的供给方式；水产龙头企业专人指导和水产技术推广员送科技下乡的技术供求比分别是 45.5% 和 41.67%，这两种推广方式的技术供给同广大捕捞渔户的需求差距较大，针对捕捞渔户的技术推广也起到一定的推进作用；水产经济合作社专人指导、水产科技示范户指导和水产科研院所专家指导方式的技术供求比分别是 33.33%、28.6% 和 26.4%，其距最优技术供求比相差很大，表明这三类方式的技术供给同捕捞渔户的技术需求现实差距较大；水产科研高校专家指导和渔户之间的沟通的供求比分别是 15.4% 和 13.33%，供求比最低，表明水产高校专家对广大捕捞渔户的技术指导工作的作用几乎微乎其微，捕捞渔户之间沟通相对不多。传统传媒和新型传媒的信息共享方式的供求比分别是 250% 和 133.33%，虽然供求比重较大，但实际使用该方式的捕捞渔户总量较小，表明传媒推广方式在广大捕捞渔户中不太普遍。

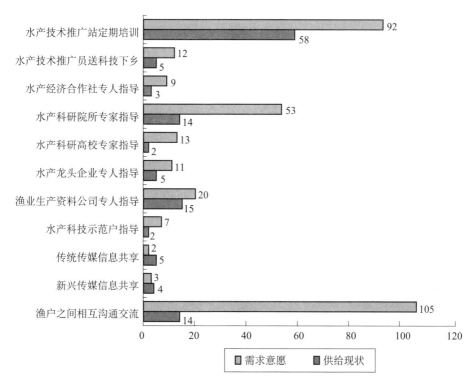

图 5 - 13　水产技术推广方式（捕捞渔户）供求现状

针对捕捞渔户的水产技术推广方式的总体供求契合水平处于较低，总体供求契合度仅为 6.61%，表明当前的水产技术推广无法满足绝大多数捕捞渔户的实际需求（见表 5 - 18）。从各推广方式供求契合关系来看，水产技术推广站定期培训方式的供求契合度为33.88%，其较其他推广方式供求契合水平最好，但处于供求契合较低水平；渔户之间的沟通是解决技术难题的重要供给方式，其供求契合度为11.57%，供求契合水平很低，表明该方式也只满足少数捕捞渔户的技术需要；水产科研院所专家指导方式、渔业生产资料公司专人指导模式、水产技术推广员送科技下乡方式和水产龙头企业专人指导方式的技术供求契合度分别是9.09%、9.09%、3.31%和3.31%，其技术供求契合状态处于极低水平，技术供给只能解决极少数捕捞渔户的生产需要；传统传媒信息共享和水产科研高校专家专人指导的技术供求契合度分别是1.65%和0.83%，供求契合水平极低，表明该方式的技术供给对解决捕捞渔户技术需求的作用微乎其微。水产经济合作社专人指导、水产科技示范户指导和新兴传媒信息共享对解决捕捞渔户的生产需求完全无效，其技术供求契合度都为0。

表5-18　水产技术推广方式（捕捞渔户）供求契合度测度

推广方式分类	供求契合数	供求契合度（%）	总体供求契合度（%）
水产技术推广站定期培训	41	33.88	
水产技术推广员送科技下乡	4	3.31	
水产经济合作社专人指导	0	0	
水产科研院所专家指导	11	9.09	
水产科研高校专家指导	1	0.83	
水产龙头企业专人指导	4	3.31	6.61
渔业生产资料公司专人指导	11	9.09	
水产科技示范户指导	0	0	
传统传媒信息共享	2	1.65	
新兴传媒信息共享	0	0	
渔户之间相互沟通交流	14	11.57	

（二）养殖小户的水产技术供求契合评价

针对养殖小户的各类推广方式中，技术供给同养殖小户的需求数量各不相同，其技术供求主要呈现有效供给不足、有效需求不足和供求平衡三个方面（见图5-14）。各类水产技术推广方式中，新兴传媒信息共享、水产科研院所专家指导、水产经济合作社专人指导、水产龙头企业专人指导、水产科研院所专家指导、水产技术推广员送科技下乡、水产技术推广站定期培训和渔户之间沟通交流方式都呈现有效供给不足。其中，供求比重相对最高的是新兴传媒信息共享，供求比重值高达96%，其技术供给数量与技术需求数量差距最小，表明使用计算机、手机等新方式实现水产技术推广在养殖小户群体较为普遍；其他技术推广方式的供求比重都低于75%，其中水产科研高校专家指导、水产经济合作社专人指导和水产龙头企业专人指导的供求比重分别是73%、72.73%和72.7%，这三种推广方式的技术供给数量同养殖小户的需求数量相差不大，也是较为重要的推广方式；水产科研院所专家指导、水产技术推广员送科技下乡和水产技术推广站定期培训等方式的技术供求比分别是69%、68.85%和63.04%，技术供给数量在一定程度上需要提高，养殖小户对该方式的供给需求期望较高；渔户间相互沟通交流的方式在养殖小户群体有待加强，其供求比仅为46.9%，广大渔户希望有更多机会实现渔户之间的技术交流。传统传媒信息共享和水产科技示范户指导方式的技术供求比分别是133.33%和104.76%，这也是针对养殖小户群体呈现有效需求不足的唯一两项水产技术推广方式，也表明该传播方式在广大养殖小户群体中发挥了很好的作用。渔业生产资料公司专人指导方式的供求比呈现供求平衡，其供求数量比为100%，达到水产技术供求最好的状态。

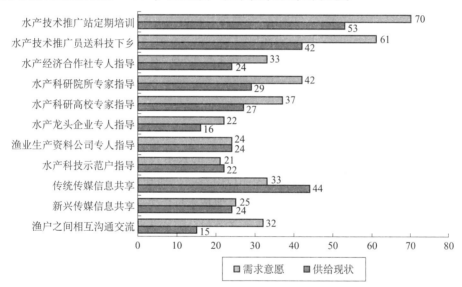

图5-14　水产技术推广方式（养殖小户）供求现状

从表5-19来看，针对养殖小户群体的水产技术推广方式的总体供求契合水平是27.27%，总体契合水平很低，各类水产技术推广方式的技术供给仅满足不及1/3养殖小户的实际需求。从各技术推广方式供求契合水平来看，水产技术推广站定期培训和水产技术推广员送科技下乡模式的供求契合水平较高，其供求契合度分别是62.82%和50%，这也是满足养殖小户技术需要的重要推广方式；水产科研院所专家指导的供求契合度为33.33%，供求契合水平较低，但这是满足养殖小户技术需求的主要方式；传统传媒信息共享、水产科研高校专家指导、水产经济合作社专人指导、渔户之间沟通交流、水产龙头企业、渔业生产资料公司和新兴传媒信息共享 7 种推广方式的技术供求契合水平很低，其技术供求度处于 10% ～ 30%，其对满足养殖小户的技术需要有一定的支持作用；水产技术示范户指导方式的供求契合度仅为 8.97%，技术供求契合水平极低，表明该方式对指导养殖小户的生产需要发挥了很小的作用。

表 5 - 19　水产技术推广方式（养殖小户）供求契合度测度

推广方式分类	供求契合数	供求契合度（%）	总体供求契合度（%）
水产技术推广站定期培训	49	62.82	
水产技术推广员送科技下乡	39	50.00	
水产经济合作社专人指导	18	23.08	
水产科研院所专家指导	26	33.33	
水产科研高校专家指导	23	29.49	
水产龙头企业专人指导	12	15.38	27.27
渔业生产资料公司专人指导	14	17.95	
水产科技示范户指导	7	8.97	
传统传媒信息共享	21	26.92	
新兴传媒信息共享	11	14.10	
渔户之间相互沟通交流	14	17.95	

（三）养殖中户的水产技术供求契合评价

针对养殖中户的水产技术供求现状，主要呈现有效供给需求不足和有效供给不足状态（见图 5 - 15）。呈现有效需求不足的技术传播方式是传统传媒信息共享，其技术供求比重为 291.67%，表明以电视、广播和报纸期刊为主导的传统信息共享方式的技术供给方式相对成熟。其他技术推广方式都呈现有效供给不足状态。其中，新型传媒信息共享、渔业生产资料公司专人指导、水产技术推广站定期培训和水产科技示范户指导方式的供求比都高达 80% 以上，技术供给同养殖中户的需求差距不大；水产龙头企业专人指导、水产技术推广员送科技下乡和水产经济合作社专人指导的技术供求比重分别是 75.51%、71.95% 和 57.75%，技术供给与渔户需求差别不大，这也是养殖中户群体中水产技术供给的主要方式；水产科研院所专家指导、水产科研高校专家指导和渔户之间沟通交流等方式的供求比分别是 27.85%、26.47% 和 22.8%，水产技术供给现实同养殖中户的实际需求相差很大。

从表 5 - 20 来看，针对养殖中户的水产技术推广方式的总体供求契合度为 26.49%，技术供求契合水平很低。其中，水产技术推广站定期培训的供求契合度为 62.37%，技术供求契合水平较高。与此同时，水产技术推广员送科技下乡方式的技术供求契合度为 59.14%，供求契合水平较高，说明这两种技术推广方式为养殖中户的技术需求提供了更多有效指导，切实满足了养殖中户的技术需

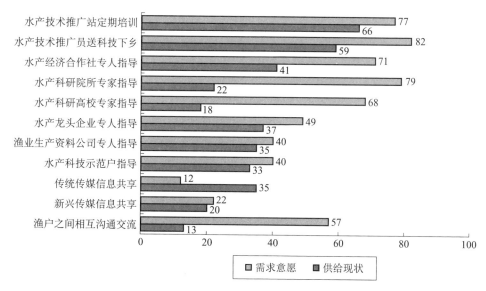

图 5 –15　水产技术推广方式（养殖中户）供求现状

要。水产经济合作社专人指导方式的供求契合度为 41.94%，供求契合水平较低但也是主要的技术供给方式，少部分的养殖中户的技术需求通过水产经济合作社专人指导予以解决。水产龙头企业专人指导、水产科研院所专家指导、渔业生产资料公司专人指导、水产科研高校专家指导、渔户之间沟通交流及水产科技示范户指导 6 种推广方式的供求契合水平处于 10% ~ 30%，供求契合水平很低，但也为解决广大养殖中户的实际技术需求起到一定的推动作用。传统传媒信息共享和新兴传媒信息共享方式的技术供求比重分别是 7.53% 和 6.45%，技术供求契合水平极低，说明通过传媒信息共享方式不能切实解决养殖中户的实际需求。

表 5 –20　水产技术推广方式（养殖中户）供求契合度测度

推广方式分类	供求契合数	供求契合度（%）	总体供求契合度（%）
水产技术推广站定期培训	58	62.37	
水产技术推广员送科技下乡	55	59.14	
水产经济合作社专人指导	39	41.94	
水产科研院所专家指导	22	23.66	
水产科研高校专家指导	18	19.35	
水产龙头企业专人指导	24	25.81	26.49
渔业生产资料公司专人指导	21	22.58	
水产科技示范户指导	10	10.75	
传统传媒信息共享	7	7.53	
新兴传媒信息共享	6	6.45	
渔户之间相互沟通交流	11	11.83	

（四）养殖大户的水产技术供求契合评价

针对水产养殖大户的各类技术供给方式中，存在有效需求不足和有效需供给不足的现实（见图5-16）。呈现有效需求不足的推广方式主要是传统传媒信息共享、水产科技示范户指导、渔业生产资料公司专人指导和水产技术推广站定期培训四种供给方式，其水产技术供求比分别是300%、160%、126.67%和125%，说明这几种技术推广方式为养殖大户提供了大量的水产技术支持。其他七种水产技术推广方式呈现有效供给不足的现实，即现实水产技术供给数量比养殖大户的需求数量存在一定差距。其中，技术供求比距最优供求比差距最大的推广方式分别是渔户之间相互沟通交流、新兴传媒信息共享和水产技术推广人员送科技下乡，三种方式的技术供求比分别是39.13%、37.5%和29.23%，这同广大养殖大户实际生产需要差距很大，其他推广方式的技术供求比基本可以支持一半以上养殖大户的需求。

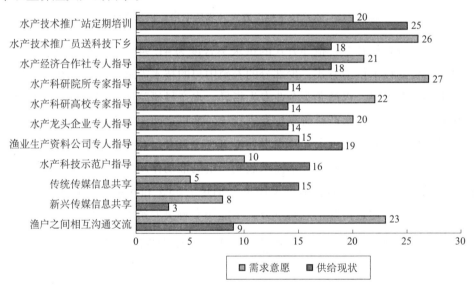

图5-16 水产技术推广方式（养殖大户）供求现状

从表5-21来看，针对养殖大户的水产技术推广方式的总体供求契合度为34.17%，总体供求契合水平较低。从各类推广方式的供求契合度来看，水产技术推广站定期培训和水产技术推广员送科技下乡的技术供求契合度分别为62.07%和58.62%，表明这两类推广方式可以切实解决一半以上养殖大户的生产需求，供求契合水平较高。水产技术推广方式供求契合度处于较低水平的是水产经济合作社专人指导、水产科研院所专家指导、水产龙头企业专人指导、渔业生产资料公司专人指导和水产科研高校专家指导五种方式，其也是解决养殖大户实际生产需要的一项推广方式。技术供求契合处于很低水平的推广方式分别是渔业生产资料公司专人指导和渔户之间相互沟通交流，其供求契合度都是24.14%，表明有不足1/4的养殖大户的生产需求通过该方式得以解决。传统传媒信息共享和新兴传媒信息共享的供求契合度都为6.9%，供求契合水平极低，表明在生产过程中养殖大户对传媒信息共享的依赖程度不高。

表5-21　水产技术推广方式（养殖大户）供求契合度测度

推广方式分类	供求契合数	供求契合度（%）	总体供求契合度（%）
水产技术推广站定期培训	18	62.07	
水产技术推广员送科技下乡	17	58.62	
水产经济合作社专人指导	13	44.83	
水产科研院所专家指导	12	41.38	
水产科研高校专家指导	9	31.03	
水产龙头企业专人指导	11	37.93	34.17
渔业生产资料公司专人指导	11	37.93	
水产科技示范户指导	7	24.14	
传统传媒信息共享	2	6.90	
新兴传媒信息共享	2	6.90	
渔户之间相互沟通交流	7	24.14	

第六章 我国沿海地区水产技术供求契合关系评价

我国水产技术推广体系的建设与发展在现阶段存在较多问题，其极大地降低了水产技术推广效率，对发展现代渔业、促进渔业发展方式转变造成了一定程度上的阻碍，具体表现为水产技术推广体系建设不完善、水产技术推广综合效率偏低、水产技术供求契合水平不高和农业（水产）技术推广法律体系不健全等问题。

第一节 水产技术推广体系供求契合关系评价

随着现代渔业建设进程的加快，广大渔民对水产科学技术的需求不断发生变化，其主要表现为以下几点：第一，渔民水产技术的需求取向由常规型技术向高附加值型技术转变；第二，渔民阶层的分化致使水产科技需求和水产技术来源多样化；第三，渔业产业化经营致使水产科技需求日益专业化。异质性渔户的多元化水产技术需求决定了水产技术推广主体实现水产技术推广工作必须把握全面性，然而在现实中，水产技术推广体系的技术供给同异质性渔户的水产技术需求存在较大的差距，供求矛盾突出、供求契合水平不高等现实性问题阻碍了水产技术推广工作的进程，广大渔户也无法及时解决生产中遇到的技术难题。

一、水产技术供求契合水平总体不高

在现实中，样本地区水产技术供求契合水平整体不高。渔户对水产技术种类、推广机构和推广方式的供求契合度分别为30.28%、28.94%和23.64%，表明在水产技术推广体系运行中，水产技术有效供给的水平相对不高。从各类渔户的供求契合度来看，捕捞渔户、养殖小户、养殖中户和养殖大户的供求契合度分别为11.58%、28.03%、27.63%和53.52%，捕捞渔户的有效推广水平最低，

养殖小户和养殖中户的有效推广水平大致相当，养殖大户的水产技术推广水平最高。由此看来，水产技术推广工作有待继续加强，有效推广的重点应该是捕捞渔户和养殖中小户，在保证养殖大户现有水产技术推广的基础上，提高水产技术供求契合水平。

二、捕捞渔户的水产技术供求契合水平最低

捕捞渔户的水产技术推广类型、推广主体和推广方式的供求契合水平相对最低。针对捕捞渔户的水产技术推广类型中，供求契合呈现很低的水平，表明捕捞渔户切实需要的水产技术无法得到水产技术推广站的有效供给。具体来看，水产科学捕捞技术的供求契合水平呈现极高状态，表明水产技术推广为广大捕捞渔户解决了生产过程中最根本的技术需要；捕捞渔户同水产养殖户相比，其需要的技术种类相对较少，主要集中在生产工具安全使用技术、水产生产防灾减灾技术、水产公共信息服务、生态环境监测预报以及水产品加工、贮藏与运输技术等方面，生产工具安全使用技术、水产生产防灾减灾技术以及水产品加工、贮藏与运输技术的供求契合水平极低，表明捕捞渔户对上述技术的需求并不能得到切实解决，而水产技术推广站为捕捞渔户提供的水产公共信息服务和生态环境监测预报服务的供求契合度为0，表明这两项技术的实际需要根本无法得到满足。一方面，针对捕捞渔户的水产技术推广主体中，总体供求契合水平较低，众多水产技术推广主体无法有效地开展水产技术推广工作，无法切实解决捕捞渔户的实际需要。具体来看，水产技术推广站的技术供求水平相对最好，水产龙头企业和水产科研院校提供的技术指导可以满足少数捕捞渔户的技术需求；尽管渔业生产资料公司在实际生产中为捕捞渔户提供了较多的技术支持，但技术供求契合水平极低，也无法满足广大捕捞渔户的实际生产需要；虽然水产经济合作社和水产技术示范基地为捕捞渔户提供了一定的技术指导，但供求契合水平为零的现实表明其提供的水产技术支持对捕捞渔户的生产完全无指导意义。另一方面，针对捕捞渔户的水产技术推广方式中，其总体供求契合水平极低，表明各类型推广方式提供的技术指导不能解决捕捞渔户的实际技术需要。虽然水产技术推广站定期培训和渔户之间沟通交流的供求契合水平很低，但该类型技术推广方式是解决捕捞渔户技术需要的核心；尽管水产技术推广员送科技下乡、水产科研院校专家指导、水产龙头企业专人指导、渔业生产资料公司专人指导和传统传媒信息共享的技术供求契合水平极低，但也表明该推广方式从不同角度为解决捕捞渔户的生产提供了一定程度上的技术支持；水产经济合作社专人指导、水产科技示范户指导和新兴

传媒信息共享三种推广方式的供求契合水平为零，虽然这三类技术推广方式为捕捞渔户提供了一定的技术指导，但并未解决捕捞渔户的生产技术难题。

三、养殖小户的水产技术供求契合水平很低

养殖小户水产技术推广类型、推广主体和推广方式的供求契合水平相对很低。针对养殖小户水产技术推广内容的供求契合水平总体较低，表明部分养殖小户的水产技术需要得到了解决。具体来看，养殖小户群体的水生生物健康养殖技术、水生生物良种繁育技术、水生生物科学用药技术、水生生物疫病防治技术以及水产品加工、贮藏与运输技术五类技术的供求契合水平相对较高，捕捞小户对这些水产技术的实际需要得到了很大程度的满足；生产工具安全使用技术、水产公共信息服务和水产生态环境监测预报服务的供求契合水平较低，表明仍有较大部分的养殖小户的技术与服务需要无法得到解决；水产科学捕捞技术的供求契合水平很低表明绝大部分捕捞小户的捕捞技术缺乏有效指导；水产品质量安全技术和水产生产防灾减灾技术的供求契合水平极低，这表明养殖小户对这两项技术的需要无法得到有效满足。针对养殖小户水产技术推广主体的供求契合水平总体很低，表明当前水产技术推广主体提供的水产技术不能满足多数养殖小户的需要。尽管水产技术推广站是解决养殖小户生产技术需求的主力，但仍有一半左右的养殖小户无法依靠水产技术推广站解决技术难题，故其技术供求契合水平相对较低；水产科研院所对养殖小户群体的技术供求契合处于很低水平，水产龙头企业、水产科研高校和渔业生产资料公司对养殖小户群体的技术供求契合处于极低水平，虽然这些推广主体为部分养殖小户提供了有效的技术支持，但绝大多数养殖小户仍无法依靠这些机构解决实际技术难题；水产经济合作社和水产技术示范基地的技术供求契合水平为零，这表明虽然这些推广主体在生产中为养殖小户提供了一定的技术指导，但指导比重总体偏低，广大养殖小户的实际技术需求不能得到切实解决。针对养殖小户的水产技术推广方式的供求契合水平总体很低，约有不足1/3的养殖小户的技术需要得以解决。具体来看，水产技术推广站定期培训、水产技术推广员送科技下乡对解决养殖小户的技术需要发挥了重要作用，供求契合水平较高；水产经济合作社专人指导、水产科研高校专家指导、水产龙头企业专人指导、渔业生产资料公司专人指导、传统传媒信息共享、新兴传媒信息共享和渔户之间沟通交流等指导方式的供求契合水平很低，这表明这些技术指导方式对切实解决养殖小户的技术需求发挥了较小的作用；水产科研院所专家指导和水产科技示范户指导的供求契合水平极低，表明这两种推广方式对解决养殖小

户的技术需要发挥的作用微乎其微。

四、养殖中户的水产技术供求契合水平较低

养殖中户的水产技术推广类型、推广主体和推广方式的供求契合水平相对较低。从推广内容来看，养殖中户的总体供求契合程度表明约有 2/3 以上的养殖中户的技术需要无法得以满足。养殖中户针对水生生物健康养殖技术、水生生物良种繁育技术、水生生物科学用药技术、水生生物疫病防治技术以及水产品加工、贮藏与运输技术五类技术的供求契合水平较高，表明养殖中户需要的关键技术在很大程度上得以满足；养殖中户对水产科学捕捞技术、生产工具安全使用技术、水产公共信息服务和水产生态环境监测预报服务的供求契合水平处于较低状态，表明在现实生产中该技术类型无法解决大多数养殖中户的技术需要；水产品质量安全技术和水产生产防灾减灾技术的供求契合水产处于极低状态，表明这两项技术在养殖中户群体的推广作用并未发挥，绝大多数养殖中户的技术需要不能得以解决。从推广主体来看，针对养殖中户的供求契合程度表明约有 2/3 的养殖中户的技术需要无法依靠水产技术推广主体得以解决。具体来看，水产技术推广站是解决养殖中户水产技术需要的主力，其供求契合水平总体较高且相对最高；尽管水产经济合作社的供求契合水平相对较低，但这也为解决养殖中户的技术需求提供了一定的支持；水产龙头企业、水产科研院校、渔业生产资料公司和水产技术示范基地的供求契合水平总体很低，其对解决养殖中户的技术需求发挥了微乎其微的作用。针对养殖中户的水产技术推广方式的供求契合水平很低，只有两成的养殖中户的技术需求得以解决。其中，水产技术推广站定期培训和水产技术推广员送科技下乡方式是解决养殖中户技术需求的关键，总体供求契合水平较高；除此之外，水产经济合作社专人指导、水产科研院校专家指导、水产龙头企业专人指导、渔业生产资料公司专人指导、水产科技示范户指导和渔户之间沟通交流的供求契合水平很低，大多数养殖中户无法依靠这几类推广方式解决生产需求；传统传媒和新兴传媒信息共享的供求契合水平极低，表明绝大多数养殖中户无法依靠传媒工具解决现实生产问题。

五、养殖大户的水产技术供求契合水平较高

养殖大户的水产技术供求契合水平相对较高。虽然水产技术推广工作为大部分养殖大户解决了生产技术需求，但仍有一部分水产技术的契合水平存在较大提升空间。从水产技术种类的供求契合来看，约有一半以上的养殖大户的技术需求

得以满足，水生生物健康养殖技术、水生生物良种繁育技术、水生生物科学用药技术、水生生物疫病防治技术、生产工具安全使用技术以及水产品加工、贮藏与运输技术六类技术的供求契合水平较高；水产科学捕捞技术、水产生产防灾减灾技术、水产公共信息服务和水产生态环境监测服务的供求契合水平较低，表明水产技术推广站应该重点加强针对养殖大户的技术供给水平；水产品质量安全技术供求契合水平很低，表明水产技术推广站需要为解决养殖大户的水产品质量安全需求提供更多的支持。针对养殖大户的水产技术推广主体的供求契合水平相对较高。具体来看，水产龙头企业是解决养殖大户技术需要的主力，但水产技术推广站、水产合作经济组织、水产科研院校和渔业生产资料公司的技术供求契合水平相对较低，无法更多地解决养殖大户的水产技术需要；水产技术示范基地对养殖大户群体的技术供求契合水平最低，表明养殖大户需要的最先进的技术无法依靠水产技术示范基地得以解决。针对养殖大户的水产技术推广方式的供求契合水平在养殖户群体中相对较高。水产技术推广站定期培训和水产技术推广员送科技下乡是解决养殖大户部分技术需求的重要方式。除此之外，水产经济合作社专人指导、水产科研院校专家指导、水产龙头企业专人指导和水产科技示范户指导的供求契合水平相对较低，虽然从一定程度上解决了养殖大户的技术需求，但还有较多的技术需求无法得以解决；渔业生产资料公司专人指导、传媒信息共享和渔户之间沟通交流对解决养殖大户的生产需要发挥了微乎其微的作用。

综上而言，捕捞渔户和养殖渔户具有不同的水产技术需求。捕捞渔户的生产方式较为传统，生产过程中受自然环境的影响相对较强，对水产技术推广的需求较为单一；养殖渔户在现实生产中需要运用大量先进的水产科学技术，随着生产规模的扩大，渔业生产商品化水平越来越高，对先进水产技术供给的需求水平也日益提高。现实中，水产技术推广工作的主体仍然是政府主导下的各级水产技术推广机构，其推广的重点由捕捞渔户向养殖渔户开始转变，随着多元化水产技术推广体系建设目标的确立，非政府型水产技术机构参与技术推广的机会越来越多，不同水产技术种类、推广主体和推广方式为广大渔民解决了更多的水产技术难题。

随着政府主导型"一主多元"水产体系建设工作的初步开展，捕捞渔户、养殖小户、养殖中户和养殖大户在水产技术供求契合方面存在显著差异，针对养殖大户的水产技术供给水平最好，有一半的水产技术需求得以有效解决，而其他养殖户的水产技术供求契合水平略低于总体平均水平，特别是水产健康养殖技术和良种繁育技术呈现高度契合，水生生物疫病防治技术和科学用药技术的需要也得到一定程度的解决，而针对捕捞渔户的技术供给种类相对较少，只有水产健康捕捞技术和生产工具安全使用技术得到有效的供给。与此同时，各水产技术推广主体的推广服务工作难以满足较大部分渔户的需要，只有约 29.94% 的渔户的技术难题得以有效解决，以水产技术推广站和水产经济合作社为中心的水产技术推广主体为养殖大户提供了有效的技术指导，对养殖中小户提供了基础型水产技术服务，从一定程度上解决了部分养殖渔户的生产难题。针对捕捞渔户，水产技术推广站是解决该群体技术难题的推广主体。渔户对水产技术推广方式的供求契合平均水平为 23.64%。捕捞渔户主要以水产技术推广站定期培训为主，解决了捕捞生产中的技术难题。养殖渔户对各类水产技术推广方式的供求关系都呈现高度契合，水产技术推广站定期培训和推广员送科技下乡两种方式有效地解决了养殖小户的生产难题；水产技术推广站定期培训、推广员送科技下乡和水产经济合作社专人指导三种方式是提高养殖中户供求契合的关键方式；水产技术推广站定期培训、水产技术推广员送科技下乡、水产经济合作社专人指导和水产科研院所专人指导四种方式对解决养殖大户生产需求难题具有积极作用。

　　综上所述，现有的水产技术供给只能满足部分渔户的普遍性技术需求，多元化推广体系内部缺乏沟通机制，协同性推广工作有待继续加强，针对不同类型渔户的多元化技术需求，要充分发挥水产科研高校和水产科技示范户的作用，充分依靠新型传媒的作用提高水产技术推广效率，切实解决渔民生产遇到的技术难题。

第二节　供求契合视角下水产技术推广体系存在的问题

　　我国水产技术推广体系发展以健全体系、提升能力为主线，不断加强体系改革和建设，公共服务能力与水平得到提升，服务现代渔业成效显著。现实中，水产技术推广效率不高导致现阶段水产技术供求契合度相对偏低，究其原因，主要表现在以下四个方面：

一、水产技术推广机构管理不畅

　　基于计划经济体制的长期影响，我国水产技术推广机构呈现条块、部门、地区分割的现象，技术推广机构在行政上隶属同级地方政府，在业务上接受上级推广机构的指导，条块结合的双重管理模式导致各自为政、责任不明的现象突出，"管理在县、服务在乡"的推广模式难以落实。部分综合型农业技术推广机构缺少水产技术推广专职岗位，削弱了水产技术的服务能力，"一乡一站"服务模式致使推广机构分散、服务范围狭小、整体功能弱化。与此同时，水产技术推广机构受政府的行政干预较强，导致个人的特殊技术需求无法及时满足，容易造成水产技术推广与渔民技术需求的脱节。水产技术推广体系内部机制缺乏灵活性，目标责任机制和激励机制缺乏的现实，降低了水产技术的推广服务效率。

（1）水产技术推广机构职能定位不清晰。我国政府主导型水产技术推广机构在法律上没有明确界定其职能，从而造成了渔业执法、技术研制、推广和市场化经营并存的局面，也造成推广机构性质不清的现实。水产技术推广工作往往被行政事务影响，基层水产技术推广站出现"村务行政为主，技术推广为辅"的现实，部分基层水产技术推广站还担负着中介服务、经营创收等行政行为，导致水产技术推广机构出现职能错位。水产科学技术是纯公益性产品，水生生物苗种繁育、水生生物疫病药物、水产品深加工等市场性工作却由水产技术推广机构来负责，从而造成水产技术推广效果不佳的局面。基础性和公益性的水产技术推广本需要政府负责，但由于经费不足或工作分散等因素影响而未发挥其应有的作用，进而造成"官、产、学、研"相分离的局面，降低了水产技术推广效率。

（2）水产技术推广方式较为落后。现阶段，水产技术推广方式主要是由政府将技术需求传达给水产科研院校，水产科研院校将研发的科技成果认定后，再交与水产技术推广机构进行逐级落实推广。政府主导型水产技术推广方式流程较为繁琐，水产技术推广项目由政府确定后再进行推广，在整个过程中易造成资源浪费，部分推广经费易被政府挪为他用。部分基层水产技术推广站仍存在设备陈旧、简陋和设施不完善等问题，水产技术推广宣传仍依靠墙报、黑板报、广播、电视等传统媒介进行，极大地降低了水产技术的供给效率。随着以互联网为代表的新兴传媒的兴起，国家委托科技公司开发了专业化的水产技术推广手机软件（如"渔业通"），渔户使用手机即可联系水产技术专家，但该推广方式在现阶段仍没有通过水产技术推广机构的有效宣传，广大渔民无法有效享有科技成果，新型技术推广方式仍有较长的路要走。

二、水产技术推广队伍不稳

水产技术推广队伍是水产技术推广体系的核心，高质量的水产技术推广队伍对实现水产技术有效推广意义重大。目前，我国水产技术推广队伍发展存在基层推广队伍不稳、水产技术推广人员综合素质较低等问题，严重制约着水产技术推广服务能力的提升和水产技术推广工作的科学推进。具体表现在以下两个方面：

（1）基层水产技术推广队伍不稳。我国水产技术推广队伍特别是基层水产技术推广人员待遇普遍较低，难以吸引大专院校的专业推广人才扎根基层，基层推广人员断档和人员老化现象突出。水产技术推广经费不足的现实影响了沿海地区基层水产技术推广队伍总体发展，基层水产技术人员的基本工资福利难以全面落实。与此同时，基层水产技术推广队伍人才的选拔缺乏科学的考核机制和人员聘用机制，公益性水产技术推广岗位和编制无法明确，基层水产技术推广队伍缺乏规范化管理，加之水产技术推广基层工作环境较为艰苦，一批具有高学历的水产专业大学毕业生难以扎根基层，从而导致基层水产技术推广队伍缺乏新型人才，人才断层与人才流失问题凸显。2014年，全国水产技术推广人员共有42006人，较2000年减少3944人，水产技术推广人员数量呈现减少。与此同时，专业技术人员占水产技术推广人员总数的73.2%。具体来看，基层水产技术推广人员占人员总数的89.95%，其中，县级推广员占人员总数的35.37%，区域级推广员占人员总数的3.61%，乡级推广员占人员总数的48.96%，县乡级水产技术推广人员构成的基层推广队伍主力所占比例较低，基层水产技术推广人员比重不高的现实不利于水产技术的有效推广。水产专业技术人员是掌握先进水产技术的核心，也是水产技术推广工作的主力。从基层推广队伍比重来看，县级、区域级和乡级水产技术专业人员占水产技术推广人员总数的比重分别是25.38%、2.66%和36.34%，基层水产技术专业人员比重较低，在很大程度上无法保证水产主导技术与主导品种有效传递到渔户手中，降低了水产技术推广工作的效率。

（2）水产技术推广人员综合素质较低。高学历、高素质推广人才的短缺现实成为阻碍沿海地区基层水产技术推广工作重要因素，知识更新和后续学历教育工作机制不健全致使基层水产技术推广人员的知识更新培训难以保障，基层水产技术推广机构负责人和技术骨干的专业技术水平和服务能力难以提升，水产技术推广队伍的原有人员的文化水平和业务能力不高，靠传统经验推广的现实严重阻碍新型技术知识的有效更新，影响水产技术推广工作公益性职能的更好发挥。2014年，在全国水产技术推广队伍中，拥有高级职称、中级职称和初级职称的水产技术专业人员占推广人员总数的6.79%、25.96%和36.01%，初中级水产技术推广人员比重较高、高级水产技术推广人员比重极低的现实阻碍了先进水产技术的有效推广。在水产技术推广队伍中，专业技术人员的学历水平也参差不齐，获得本科及以上学历的水产专业技术人员占推广人员总数的 22.09%，拥有大专学历的专业技术推广员占推广人员总数的 34.47%，有 24.23% 的水产技术专业人推广员具有高中及以下学历。本科及以上学历的水产专业人员更具备接受新技术、新知识的能力水平，但该群体较低的比重不利于实现水产技术推广队伍总体质量的提升。水产技术推广人员教育培训是提高水产技术推广队伍整体质量的关键，2014 年，水产技术推广体系组织了 84952 人次的技术推广人员参加相关业务培训，共计组织 8211 人次的水产技术推广人员参与学历教育培训，随着现代水产技术推广体系改革进程的加快，提高水产技术推广人员的质量是打造现代化水产技术推广队伍的工作重点，虽然参与培训教育的技术推广人员人数不断增加，但培训工作仍然相对较弱，距建立高素质型水产技术推广队伍的目标差距较大。

三、水产技术推广经费不足

水产技术推广体系承担着为渔业发展提供公益性服务的职能，水产技术推广机构将技术成熟、覆盖面广、转化力强、经济效益显著的先进水产技术无偿推广给广大渔户，充分发挥了水产技术推广体系的公益性职能。水产技术推广经费是水产技术推广体系运行的物质基础，水产技术推广经费的保障情况决定了水产技术推广体系公益性职能的有效发挥。其问题突出表现在水产技术推广经费总量不足、人员经费与业务经费失衡两个方面。

（1）水产技术推广经费总量不足的问题较为突出。综合而言，发展中国家的农业技术推广经费一般占农业总产值的 0.5% 左右（刘晓斌，2006），但 2000～2014 年我国水产技术推广经费占渔业总产值的平均比重仅为 0.09%。由此可见，我国水产技术推广经费投入存在总量不足的现实，极大地阻碍了水产技术推广体系建设的进程，也阻碍了水产技术推广工作的有效开展，许多水产技术推广站特别是基层水产技术推广站面临"放弃推广"的现实，水产技术推广体系公益性职能无法正常发挥。具体来看，2000～2014 年，水产技术推广经费占渔业总产值的比重呈现缓慢下降式发展，2000 年和 2001 年该比重为 0.13%，水产技术推广经费投入总量总体不高，但在历年发展水平中相对较高；2002 年，水产技术推广经费占渔业总产值比重出现下降，直到 2011 年，该经费投入比重一直保持在 0.08%；2012 年，我国政府出台了《关于加快推进农业科技创新持续增强农产品供给保障能力的若干意见》，首次将农业科技摆在了更加突出的位置，进而全国水产技术推广总站制定了《全国水产技术推广工作"十二五"规划》，国家对水产技术推广经费投入显著提高，其投入经费比重占渔业总产值比重升至 0.11%，水产技术推广工作得以有效保证；2013 年和 2014 年，全国水产技术推广经费占渔业总产值比重降至 0.09%，推广经费投入总量不足不利于我国水产技术推广机构建设、水产技术推广人员保障与培训、水产技术推广设备更新、水产技术推广环境改善，不利于水产技术推广体系的长远发展。

（2）经费使用比例失衡制约着水产技术推广工作有效开展。现实中，水产技术推广经费主要分为水产技术推广人员经费和水产技术推广业务经费两个方面（以下简称人员经费和业务经费），随着水产技术推广经费投入的增加，两者的使用比重失衡问题较为突出。水产技术推广人员经费主要用于保障了水产技术推广人员的工资福利待遇，主要包括基本工资、津贴补贴、绩效工资、社会保险缴费和住房公积金等。当前，我国水产技术推广人员经费支出仅能保障推广人员的基本工资，部分地区甚至还存在经费截留、挪用等问题，导致基层水产技术推广人员基本工资无法保障，水产技术推广人员的养老、医疗、失业等各项社会保险费用难以落实，降低了基层水产技术推广人员的工作积极性和工作效率。水产技术推广业务经费短缺导致水产技术推广设施落后、基层水产技术推广机构缺少专项投入、试验示范基地建设滞后和推广人员知识更新不及时等问题突出，这与构建"水产技术推广五有站①"的目标存在较大差距。2000 年，我国水产技术推广人员经费和业务经费占经费总投入的比重分别是 48% 和 52%，随着水产技术推广工作的开展，水产技术推广人员经费比重不断增加，而用于水产技术推广工作的业务经费所占比重不断下降。2014 年，水产技术推广人员经费和业务经费所占经费总投入的比重分别是 76% 和 24%，虽然水产技术推广人员经费比重的提高有效保障了水产技术推广人员的生活条件，但人员经费使用比重的增加导致用于水产技术推广工作业务经费的减少，不利于水产技术推广工作的有效开展。与此同时，虽然水产技术推广人员经费使用比重有很大提高，但用于基层的水产技术推广人员经费总体比重仍然较低，业务经费比重更低。2014 年，全国县级及以下水产技术推广站的人员经费和业务经费分别为 119012.35 万元和 23259.8 万元，分别占水产技术推广人员经费和业务经费的 77.26% 和 48.71%，用于技术

———————————

① 水产技术推广五有站：有机构人员、有办公场所、有示范基地、有信息和交通服务工具、有经费保障的水产技术推广站。

推广一线的业务经费所占比重远低于人员经费比重。同时，2014 年用于基层水产技术推广工作的人员经费和业务经费比重分别占全年经费总投入的 58.97% 和 11.53%，基层业务经费比重不足的现实严重制约着基层水产技术的有效传播，广大渔民的生产技术需求切实难以满足。

四、水产技术推广协同机制不健全

我国水产技术推广站同水产科研院校、水产合作经济组织、水产龙头企业等社会群体的协同机制不健全，与构建"一主多元"化的现代水产技术推广服务体系的目标仍存在较大差距。虽然国家提出了构建多元化水产技术推广体系的构想，但政府对水产教育科研院校、水产合作经济组织和水产龙头企业缺乏有效的资金支持，水产技术推广部门与其他机构缺少有效的协作推广机制，多元化水产技术推广体系构建仍然有很长的路要走。

（一）水产科研院校包括水产科学研究所和水产科研高校

按照政府机构、水产技术推广部门提供的技术需求和市场信息负责先进水产技术与苗种的研发，也负责专业化水产高等人才的培养。实践中，水产科研院校同渔民、水产合作经济组织及龙头企业的联系相对较不多，涉及水产技术推广方面的工作相对较少，总体呈现"重科研、轻推广"的现实。水产科研院校掌握了先进的水产技术研发资源，我国政府鼓励并支持水产技术科研院校积极参与公益性水产技术推广，但在现实中存在以下问题：

（1）水产科研院校注重教育与科研工作。虽然大多数水产科研院校过分注重教学和科研功能，但缺乏水产技术推广专业人员的培养，研究出的科技成果需要通过国家实现技术转化，真正参与公益性水产技术推广相对较少，技术推广效率大打折扣。

（2）管理局限性不利于实现资源共享。水产科研院校拥有丰富的人才资源、技术资源和先进设备，由于管理方面存在条块式分割的局限，致使不同科研院校无法共享水产科技平台，资源共享程度较低，水产技术推广工作易造成相关资源的浪费。

（3）科技资源配置不足不利于科学推广。水产科研经费总量不足和分布不均的现实制约着科研院校的推广工作，水产技术研发与推广人员分布不均的现实增加了水产技术推广的成本，水产技术推广人员时间缺乏保障易造成教学、科研与推广三者的矛盾，水产技术推广平台的缺乏易造成水产科研成果的流失与浪费。

（4）水产技术科研人员缺乏激励机制降低了推广热情。水产技术科研人员的推广激励机制在我国科研院校并未真正建立，各科研院所在推广人员措施保障方面的不足降低了水产科研专家的推广热情。

（二）水产合作经济组织

水产合作经济组织是政府引导下渔民自发组织的非政府组织，是连接渔民、政府、水产科研院所和市场的"纽带"。现实中，国家鼓励并支持渔民成立并参与水产合作经济组织，但在其构建及发展过程中，存在以下几点问题：

（1）水产合作经济组织建立目的不纯。基于政府通过给予大量资金补贴的方式鼓励和支持水产合作经济组织的发展，很多渔民通过申请成立水产合作经济组织骗取国家补贴，而成立后的水产经济合作社徒有其名，根本无法发挥水产技术推广的作用。

（2）水产经济合作社成员合作意识低。鉴于我国渔民存在学历水平不高、经济实力不强的自身特点，其在加入水产经济合作社后合作意识较差，先进的水产技术在合作组织内部无法推广。

（3）缺乏有效资金支持运转。渔业较传统农业相比，其受自然资源环境变化的影响程度更大，随着水产品质量安全标准的实施，有效资金的缺乏无法支持水产合作经济组织保障水产技术推广工作的开展。

（4）水产经济合作社缺乏专业型人才。尽管我国水产合作经济组织的领导一般由经济实力较强的渔户担任，其生产经验和发展眼光较为超前，但缺乏系统性管理的能力，加之资金的有限性，水产合作经济组织无法长期聘请专业化技术人员参与其中，管理层在文化、管理和技术上存在不足。

（三）水产龙头企业

水产龙头企业是推动渔业市场化发展的主力，但当前大型龙头企业太少、一般水产企业规模小的现实导致龙头企业参与技术推广存在效率较低、效果较差。水产龙头企业是现代渔业发展的表率，但其在发挥水产技术推广作用方面具有以下特点：

（1）水产龙头企业同渔民的技术推广缺乏利益分配和利益联合机制。尽管"企业＋渔户"型水产技术推广模式是公司同渔户签订合同及采取合资、入股方式实现水产技术的有效推广，但企业同渔户的合作是以利益关系为纽带，企业追求利润最大化的同时渔户也寻求收入最大化的现实，单方面毁约现象时有发生，水产技术推广工作难以进行。

（2）水产龙头企业受市场影响较大，妨碍水产技术推广。尽管水产龙头企业的技术推广工作贯穿产前、产中和产后各个环节，但许多龙头企业基于自身利益需要与发展需求，在水产技术推广过程中不能处理好各个环节的技术推广，降低了渔民使用先进技术的权利。

（3）水产龙头企业的技术推广工作缺乏有效保障。水产龙头企业的技术推广服务不仅取决于自身发展实力，更与政府的扶持力度密切相关，政府对水产龙头企业扶持特别是免税政策与资金扶持的差异性降低了水产龙头企业的推广水平，进而无法实现水产技术的科学推广。

水产技术推广综合效率是反映水产技术推广体系运行发展的重要衡量标准，也是引导水产技术推广工作发展的重要指向标。现阶段，全国水产技术推广体系运行总体效率偏低，东、中、西部水产技术推广综合效率差异性显著，各地区水产技术推广综合效率水平参差不齐。

五、水产技术推广立法不完善

《中华人民共和国农业技术推广法》（以下简称《农业技术推广法》）是水产技术推广体系建设与运行的法律保证，其最早于1993年7月2日颁布，这是我国关于农业技术推广方面的首次立法，是保障我国水产技术推广工作有效开展的法律基础。随着我国农业（水产）技术推广体系的发展，农业（水产）技术推广工作不断出现一些新问题，如政策性、机制性和关联性等方面的新问题和新情况，对技术推广过程中的许多重要问题只做了原则性规定，实施主体不明确、可操作性不强等现实性问题导致农业（水产）技术推广在现实中无法可依、有法难依，如涉及农业技术商品化方面的问题更没有涉及。2012年8月31日，《农业技术推广法》通过全国人大常委会审议并确定于2013年1月1日正式实施，这是在1993年颁布推广法律版本实施近20年后重新修订颁布的新法律，其主要增加了10条新法律条文，修改了24条法律条文，并专门增加了法律责任一章。

现实中，农业（水产）技术推广机构的隶属关系各不相同，如国家级农业技术推广站（水产技术推广总站）隶属于农业部管辖，各级农业（水产）技术推广机构则隶属于各级政府机构，从而造成技术推广效率低。如第12条规定"根据科学合理、集中力量的原则以及县域农业特色、森林资源、水系和水利设施分布等情况，因地制宜设置县、乡镇或者区域国家农业技术推广机构"，针对基层农业（水产）技术推广机构的规定同现实技术推广工作不相适应，"乡镇国家农业技术推广机构，可以实行县级人民政府农业技术推广部门管理为主或者乡镇人民政府管理为主、县级人民政府农业技术推广部门业务指导的体制"的规定，导致农业（水产）技术推广机构在行政隶属关系上只对本级人民政府负责，而上级农业（水产）技术推广机构对下一级农业（水产）技术推广机构只具备相关业务指导，继而形成"条块结合，以块为主"的双重管理模式，"上下管理不畅"问题时有发生。基层农业（水产）技术推广机构的实际问题多数向本级政府反映，而问题解决程度完全取决于当地政府对农业（水产）发展的重视程度，上级农业（水产）技术推广机构即便有好的推广政策措施也无法有效通过下一级农业（水产）技术推广机构直接开展，导致农业（水产）技术推广效率大打折扣。

新农业技术推广法在国家农业（水产）技术推广机构的定性与定位方面规定了农业（水产）技术推广机构的 7 项基本公益性职能，区分了国家农业（水产）技术推广机构发展的公益性与经营性问题，但针对国家倡导的"一主多元"化的农业技术推广模式的其他推广主体的定性与定位并未做详细规定。如第 17 条规定"国家鼓励农场、林场、牧场、渔场、水利工程管理单位面向水产开展农业技术推广服务"、第 18 条规定"国家鼓励和支持发展农村专业技术协会等群众性科技组织，发挥其在农业技术推广中的作用"、第 23 条规定"国家鼓励社会力量开展农业技术培训"、第 25 条规定"国家鼓励和支持农民专业合作社、涉农企业，采取多种形式，为农民应用先进农业技术提供有关的技术服务"，虽然上述法律条文规定了国家鼓励并支持非政府型机构开展农业技术推广机构，但政府如何采取鼓励政策鼓励非政府型推广机构开展推广工作、如何实现非政府型农业技术推广机构同政府型农业技术推广机构开展协同式推广，在《中华人民共和国农业技术推广法》中并未予以规定。如何真正实现"一主多元"农业（水产）技术推广，仍需要从法律层面详细阐述，以从根本上保障非政府型农业（水产）技术推广机构的权益。

农业科研院所和农业科研院校是农业（水产）技术的主要研发单位，其根据国家引导和生产需求并依托自身科研平台研究创新相应农业（水产）科学技术，也承担着一定程度的农业（水产）技术推广业务，但如何推动农业科研院校参与公益性推广规定较为笼统，不利于农业科研院校"产、学、研、推"工作的顺利开展。《农业技术推广法》第 16 条规定："农业科研单位和有关学校应当适应农村经济建设发展的需要，开展农业技术开发和推广工作，加快先进技术在农业生产中的普及应用"，并提出"农业科研单位和有关学校应当将科技人员从事农业技术推广工作的实绩作为工作考核和职称评定的重要内容"，农业科研院校将更多的精力投入到农业技术的研发层面，如何实现农业技术研发并快速应用到实践的问题在农业科研院校中普遍存在，缺乏利益机制的驱动致使众多科研院校对落实先进农业科技应用于生产存在较大漏洞，虽然《农业技术推广法》提出了农业科研院校将科研人员从事农业技术推广列入工作考核中，但如何强制科研院校落实该法律条文，在《农业技术推广法》未明确指出；《农业技术推广法》第 20 条规定，"国家引导农业科研单位和有关学校开展公益性农业技术推广服务"，政府引导农业科研院校提供公益性农业技术推广成为实现农业科研院校开展农业技术推广工作的桥梁，但现实中，政府同农业科研院校是以"合作"的方式开展，如何确定农业科研院校将农业（水产）技术落实到位并提供无偿性技术服务、如何确定政府机构提供的公益性推广资金的最低供给比重、政府同农业科研院校如何建立公益性农业（水产）技术推广合作机制等现实性问题在《农业技术推广法》中并无明确规定。

《农业技术推广法》第 28 条对农业技术推广经费的来源及投入比重进行了规定，"各级人民政府在财政预算内应当保障用于农业技术推广的资金，并按规定使该资金逐年增长""各级人民政府通过财政拨款以及从农业发展基金中提取一定比例的资金渠道，筹集农业技术推广专项资金用于实施农业技术推广项目""县、乡镇国家农业技术推广机构的工作经费根据当地服务规模和绩效确定，由各级财政共同承担"。由此可见，各级农业技术推广机构的农技推广经费主要由各级政府提供，但是，法律中对各级政府按照何种标准制定农业技术推广经费比重和确定多少比重的经费投入用于农业技术推广的规定过于笼统，对农业技术推广投入的总量及具体负责部门都没做详细规定，这在很大程度上无法保障农业技术推广工作的资金支持。《农业技术推广法》第 29 条规定，"各级人民政府应当采取措施，保障和改善县、乡镇国家农业技术推广机构的专业技术人员的工作条件、生活条件和待遇，并按照国家规定给予补贴，保持国家农业技术推广队伍的稳定"，如何保障基层农业技术推广人员基本工资与补贴、基层农业技术推广人员的补贴比重占各级政府财政的比重是多少等问题在《农业技术推广法》中并未提出。现实中，农业技术推广工作特别是基层农业技术推广工作尤为辛苦，基层农业技术推广站的服务范围较为广泛，没有稳定的农业技术推广经费作为有效支撑就无法保障农业技术推广的业务经费和农业技术推广人员的工资待遇水平，农业技术推广工作就无法有效地开展下去。

现实中,《农业技术推广法》仅对种植业的技术推广法律进行了规定,但农业不仅包括种植业,还包括林业、畜牧业和渔业等其他产业,各农业产业的应用技术及技术推广模式各不相同,从而衍生出林业技术推广、畜牧业技术推广和水产技术推广等技术推广类型,但在现行的《农业技术推广法》中,涉及林业技术推广、畜牧业技术推广和水产技术推广的法律规定几乎为零。种植业、林业、畜牧业和渔业的生产方式各不相同,如渔业的发展是通过开发和利用水域获得相应的水产品,其具体细化为海洋捕捞、海洋养殖、淡水捕捞和淡水养殖,其涉水性决定了水产技术推广工作的开展同种植业、林业和畜牧业等产业的技术推广工作大不相同,因此,根据不同类型产业制定相应的技术推广法律显得尤为重要,但《农业技术推广法》围绕水产技术推广、林业技术推广和畜牧业技术推广的细节性法律保障工作有待加强,根据不同产业发展特点制定相应技术推广法律条文,从法律层面保障林业、畜牧业和渔业等产业的技术推广工作的顺利开展。

第七章　国外水产技术推广体系建设
经验与启示

　　健全的水产技术推广体系能够促进水产技术推广工作的高效开展，是满足渔民生产技术需求的关键，也是实现渔业增产、渔民增收的重点。本章以美国、日本和韩国的水产技术推广体系建设为例，通过总结不同类型的水产技术推广机制建设经验，以期为优化我国水产技术推广体系提供一定借鉴。

第一节　美国水产技术推广体系

　　美国位于北美洲，东临大西洋、西临太平洋，海岸线总长度多达 22680 千米，海洋渔业资源十分丰富。与此同时，美国境内河流湖泊众多，内陆水域面积高达 20 万平方千米，这为美国发展淡水渔业奠定了良好的基础。2014 年，美国鱼类和贝类产值高达 54 亿美元，以休闲渔业为主的美国渔业成为保障当地居民水产品充足供给的重点。科学的水产技术推广体系是保障美国渔业长远发展的关键。比较而言，美国的水产技术推广体系社会化服务体系较为健全，推广内容十分广泛，推广网络相对成熟。实践中，其紧密围绕渔民利益加大水产技术研发力度并提供良好的信息与技术服务，强化了对多渠道筹集而来的水产技术推广经费的监督和管理，明确了水产品技术推广人员的工作职责并重视在岗人员的素质教育，基本形成"水产技术教育、水产技术研发和水产技术推广"三位一体的高效水产技术推广体系，成就了美国水产品年度供应量长期保持在 600 万吨、总产值高达 50 亿美元以上的发展事实。

一、水产技术推广机构设置

　　美国的水产技术推广体系（见图 7-1）是一个由联邦政府、州、地方三级合作组成的水产技术推广体系，主要由国家海洋和大气管理局（NOAA）、高等院校或海洋研究所、基层水产技术推广站及服务人员组成。国家海洋和大气管理局下设的国家海洋渔业局（NMFS）是全国水产技术推广工作的管理与宣传教育机构，主要负责"水产养殖、环境保护、国际渔业事务处理、海洋渔业执法、渔业物种保护、海产品检查、可持续渔业发展、水产科技创新与推广"八项工作。其中，水产科技创新与推广工作具体包括商业渔业统计、休闲渔业统计、渔业合作调查、渔业观察项目、海洋哺乳动物、渔业经济和渔业生态系统等细分事项。实践中，美国的二十五所涉海类高校（如哈佛大学、耶鲁大学、斯坦福大学等）和世界级海洋研究所（如伍兹霍尔海洋研究所、斯克里普斯海洋研究所等）共同构筑了美国水产技术推广体系的科研机构主体，主要负责落实联邦政府与州政府之间的推广协议、制定与安排州推广计划、管理和培训推广人员、评估推广工作绩效、分配推广资金、协调州级水产技术推广教学和水产试验点之间的关系、建立并保持与水产社团的联系，同时向 NMFS 及时通报影响美国水产技术推广的工作信息。与之对应，州级水产技术推广组织不仅对高等院校和海洋研究所负责，而且也对本州的渔场及公众负责，是美国水产技术推广体系的核心组成部分。

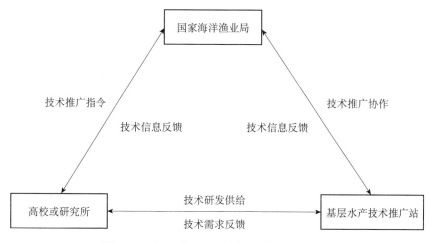

图 7-1　美国"三位一体"水产技术推广

二、水产技术推广队伍建设

作为美国水产技术推广体系的基础，基层水产技术推广站主要负责属地的水产技术推广工作。美国的水产技术推广人员由管理监督者、项目推广专家、推广工人和助手组成，主要从事本地区的水产技术推广工作。实践中，他们直接接触渔民并向他（她）们积极推广新的水产技术信息，帮助渔民改善捕捞方式、养殖方式和经营管理方法。其中，项目推广专家主要负责教学和研究，在某些情况下身兼教学、研究和推广三种职责；水产技术推广工人和助手必须是从农学院毕业的，进修过水产技术推广相关课程，同时兼备经济学基础和经营管理经验。从实际来看，美国水产技术推广人员实行分级管理，职责明确、专业化程度颇高。数据显示，美国州以上的水产技术推广人员一般是专家，而且 50% 以上为博士，其余多为硕士；县级水产技术推广员拥有学士学位的人员比例达到了 50%。值得注意的是，美国县级水产技术推广员接受州农学院的领导，并以联邦行政人员和农学院工作人员身份在全县范围内开展实际工作，其人事罢免需得到州农学院和渔民团体的一致同意。

三、水产技术推广经费来源及使用

数据表明，美国联邦政府每年的水产技术推广经费约占年度技术推广总费用的 20%~25%，各州水产技术推广费用占整体的 50%，地方或私人投资另占 20%~25%。关于水产技术推广费用的利用，《史密斯—利弗联邦推广法》明确规定了联邦资金的分配和使用原则，详细规定了资金不能用于购置、维护或修理任何建筑物或建筑群、购置或租赁土地，并特别指出如果浪费或滥用资金则停止拨付，并由其他有关州取代。与此同时，美国政府各个相关部门也加大了对多渠道筹集而来的水产技术推广经费的监管力度，确保了水产技术推广资金较高的使用效率。

四、水产技术推广立法

历史地看，1862 年，美国国会颁布的《莫里哀赠地学院法》有力地促进了农业教育的普及（И. В. Зиланова, et al., 1992），1887 年通过的《哈奇农业试验站法》强化了教学和科研联系的同时，也标志着美国农业推广制度的初步形成，1914 年颁布的《史密斯—利弗联邦推广法》则奠定了美国水产技术推广的基础。在上述法律条文的保障下，美国的水产技术推广部门逐步形成并固化了"科研、教育与水产技术推广"三者一体的水产技术推广体制，有力地确保了美国水产技术传播网络的建设和完善，从法律和法规层面为美国水产技术的高效推广提供了制度保障。

第二节　日本水产技术推广体系

日本是位于亚洲东部、太平洋西北部的岛国，其由北海道、本州、九州、四国四大岛屿及 7200 多个小岛构成，沿岸多岛屿、半岛和海湾。日本海岸线长达 33889 千米，海岸线寒暖流交汇处，鱼类资源丰富，北海道渔场也是世界四大渔场之一。海洋捕捞业是日本渔业发展的重要产业，2017 年，日本渔业产量高达 430.4 万吨，有效的渔业技术指导进一步推动了日本渔业产业发展。相对而言，日本的水产技术推广体系建设"人性化"特点显著，推广内容十分丰富，推广人员素质相对较高，推广立法较为成熟。实践中，日本政府的改良普及事业负责协调日本水产行业的发展，其推广人员选拔坚持"以人为本"的原则，在选拔、培训、薪酬等方面做了详细规定，水产技术推广队伍素质高、业务能力强，基本形成了"改良普及事业和渔业协同组合（JF）协调、地方充分发挥能动性"的协同组合式水产技术推广体系，促成了日本水产品年供应量长期保持在 400 万吨的发展事实。具体来看，日本水产技术推广体系建设主要表现在以下四个方面。

一、水产技术推广机构设置

日本的水产技术推广体系发展由日本政府改良普及事业和 JF 负责。日本政府改良普及事业包括农林水产省普及机构、地方普及事业机构组成，主要在中央和都、道、府、县各级负责技术、资金、物资、政策等资源的协调，主导着日本水产技术推广体系的发展（见图 7-2）。JF 是渔民依法组织的自主性水产合作经济组织，是联系水产科研机构与渔民的纽带，其由全国性、县级和基层三级构成。其中，全国性渔业协同组合是渔业协同组合的最高形态，负责管理全国的 JF，指导水产技术推广工作；县级 JF 属于二级协同组合，负责指导和监督基层 JF 工作；基层 JF 是日本水产技术推广体系第三级别协同组合，是渔民生产经营的实体。实践中，JF 的专门指导员积极配合日本政府水产改良普及中心的工作，主要从事与水产技术和经营改善有关的工作，采取"分工到户"的方式进行水产技术推广，具体包括水产技术工作指导、水产经营管理指导、提高渔民文化水平和改善渔民生活质量等方面。

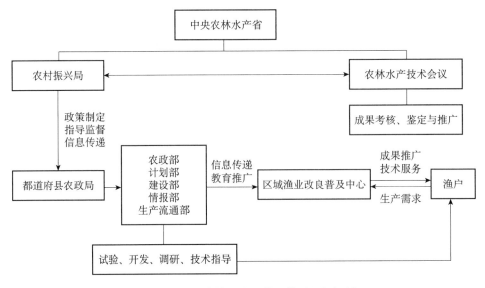

图 7 - 2 　日本政府协同渔业普及体系运行机制

二、水产技术推广队伍建设

作为日本水产技术推广体系的基础，日本高度重视水产技术推广队伍建设，对推广员的资格考试、教育培训、薪酬津贴制度等都做了相应规定。日本的水产技术推广系统由专门技术员和改良普及员组成，主要从事本地区的水产技术推广工作。实践中，作为高层次普及人员的专门技术员直接负责与水产技术科研单位联系，负责水产技术推广的调研任务，同时也负责改良普及员的能力培训及业务指导工作；改良普及员负责和渔民直接接触，并向他（她）们积极推广新的水产技术信息，帮助渔民改善捕捞方式、养殖方式和经营管理办法。日本水产技术推广队伍建设较好，专门技术员和改良普及员选拔严格，其中，日本《农业改良助长法》明文规定了两者的任用资格及考试办法，并规定"如果不具有政令资格的人，不得被录用"的条文，因此，日本的专门技术员和改良普及员都具有较高的素质与能力。资料显示，日本明确规定"不同学历者要有相应年份的工作经验""专门技术员报名者须具备 10～15 年推广工作经历""水产改良普及员报名者需农业大学毕业或具备同等学力水平"等硬性要求，具备以上条件方可参加国家组织的水产技术推广专业考试。实践中，日本政府对水产技术推广人员加强以学习新知识、新技术为目的的技术提高培训，新参加工作的水产技术推广员需接受以提高水产技术普及活动效果为目的的专业技术培训，具体包括：渔业生产技术、经营管理知识、组织和计划能力、综合指导能力和普及活动管理能力等。

三、水产技术推广经费来源及使用

日本水产技术推广经费依法由中央和地方共同承担。数据表明，日本中央农林水产省承担总费用的 50%，其他部分由都道府县负担。实践中，政府税收基于各地区水产行业发展的现实用于水产技术推广人员培训、工资及仪器设备购买等方面。中央根据各县水产行业发展现实对各县予以一定特殊业务经费补助，各县给予一定比例的配套经费。与此同时，JF 营渔的指导费用主要来自上级 JF 和地方公共团体，主要用于水产政策普及、水产组织活动、营渔改善、渔村文化建设和渔民教育投入等。

四、水产技术推广立法

客观地看，1948 年，日本国会通过的《农业改良助长法》成为日本水产技术推广的法律基础，同年颁布的《渔业协同组合法》明确规定了水产协会与政府两者之间的关系。关于水产技术推广资金的使用，1950 年，日本颁布了《农业改良资金援助法》和《农业改良资金援助法的有关规定》，明确规定都道府县对渔户发放技术引进资金的具体要求。1952 年，日本国会颁布的《农业改良助长法实施令》要求中央农林水产省每年根据不同时期水产行业发展现状制定一套《协同农业普及事业运动方针》，同时也对该法案进行了六次修改补充，并要求"各地区每年根据水产行业发展制定相应的年度实施方案，由改良普及所负责实施"。与此同时，日本根据水产行业发展不断完善水产技术推广立法，确保了水产技术推广体系的良好运行。

第三节　韩国水产技术推广体系

韩国政府是韩国水产技术推广体系的推广主体，政府指导下的国家级科学院加强水产技术的研发，渔民自发组织的水产合作经济组织在掌握渔民水产技术需求的基础上配合政府为水产行业生产提供一系列服务。韩国政府为水产技术推广工作提供了稳固的财力支持，并选拔和培训经验丰富的水产技术推广人员，在此基础上构成了"韩国政府主导水产技术推广工作"的高效水产技术推广体系，成就了韩国水产品年供应量突破 300 万吨的发展事实。具体来看，韩国水产技术推广体系建设发展主要体现在四个方面。

一、水产技术推广机构设置

韩国位于朝鲜半岛南部，整个国家三面环海。韩国西临黄海，东临日本海，海岸线长达 2413 千米。韩国境内最长的河流分别是洛东江和汉江，而湖泊相对较少。韩国渔业发展发达，以海洋捕捞和海水养殖为主的韩国渔业保障了该国水产品的有效供给，稳健的水产技术推广体系是保障韩国渔业长效发展的重要动力。韩国水产技术推广体系是以韩国政府主导、韩国渔协协助的水产技术推广体系（见图 7 - 3），主要由韩国海洋水产部（MOF）、国立水产科学院和水产科研院所组成。随着发展水产行业重要性的提升，MOF 于 2013 年从韩国农林水产食品部独立出来，负责全国的海洋水产工作。其中，MOF 下设计划协调办公室、海洋政策办公室、渔业政策办公室、航运物流局、海事安全政策局和港口局 6 个办公室，负责统一水产行业管理、指导全国水产科研教育和水产技术推广工作。韩国的水产技术创新主要以国家级科学院所为主，国立水产科学院、水产科研机构和涉海类水产高校在 MOF 统一领导下开展水产技术研发工作。其中，国立水产科学院隶属于 MOF，是韩国最重要的水产技术研发部门，国家海洋研究院是非营利性水产技术研究机构，涉海类高校（例如，韩国海洋大学、韩国海事学院、韩国海洋科学技术学院、釜庆大学等）隶属于韩国教育部，其工作在 MOF 的指导下负责水产技术的开发与教学。实践中，公共团体在开展水产技术指导前先向 MOF 提交计划，得到批复后方可进行技术指导。韩国渔业协会为渔民提供水产生产、流通、加工、技术、信用、保险等一系列服务，通过向政府和国家立法机构提出水产技术相关建议来保证水产行业有序运转。与此同时，韩国渔业协会向渔民提供法律咨询服务，是韩国水产技术推广体系的重要组成部分。

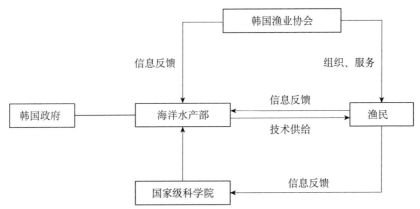

图 7 - 3　韩国"政府主导型"水产技术推广体系

二、水产技术推广队伍建设

作为韩国水产技术推广工作的主力，韩国水产推广队伍共有 1 万余人，主要由水产技术研究员、水产技术推广员、水产技术推广管理员组成，主要从事水产技术推广工作。韩国全部水产技术推广人员都是经过严格考核的国家公务员，并通过严格的基础知识培训、业务能力培训，具备丰富的水产技术推广能力。数据显示，韩国在水产技术推广体系中水产技术研究员占 19%，水产技术推广员占51%，水产技术推广管理员占 31%。与此同时，韩国政府高度重视水产技术推广人员的基本权利，通过制定相应的政策保证水产技术推广人员的工作与生活，政府通过奖励政策奖励在水产技术推广工作中做出重大贡献的水产技术推广员，保障韩国水产技术推广队伍的稳定。韩国政府十分重视青少年对水产技术推广工作的学习，如通过采取宣传教育活动和设立 4H 协会等方式培养青少年对水产技术推广事业的热情。

三、水产技术推广经费来源及使用

韩国水产技术推广经费主要由韩国政府承担，充足的财政支持有力地保证了韩国水产技术推广工作的开展。据统计，每年韩国政府关于推动水产行业发展的支出占整个国家计划预算的 0.9%，约占韩国整个水产行业总产值的 4%，其资金主要用于新型的水产技术研发、水产项目推广和水产基础设施建设。韩国的水产技术推广体系采取韩国政府出资、三级机构提供给劳务、渔民受益的有效机制，韩国政府为水产技术推广提供了公共财政支持，三级机构保证水产行业发展的劳务输出。与此同时，韩国政府每年通过补贴给渔民一定的经费来学习新型水产技术和购买新型水产设备，保证了韩国水产技术的顺利推广，水产技术推广机构在公共财政方面得到有力保障，水产技术研发与水产行业生产紧密结合，水产技术能及时有效地传递到渔民手中。

四、水产技术推广立法

历史地看，1967 年 1 月，韩国政府正式颁布的《农业基本法》成为韩国水产技术推广的立法基础。与此同时，韩国国会通过了《农业协同组织法》《渔业法》《渔业法》《水产振兴法》《渔业协同组合法》等法律与《农业基本法》配套，韩国政府根据水产技术工作在不同时期的发展需求适时修改水产技术法律，韩国水产技术推广法律体系日益成熟。在上述法律体系的保障下，韩国的水产技术推广部门逐步形成并突出以"政府主导"为特点的水产技术推广体制,有力地确保了韩国水产技术推广工作的连续性与稳定性,从法律和法规层面为韩国水产技术的高效推广提供了制度保障。

第四节　国外水产技术推广体系建设启示

通过对国外不同类型水产技术推广体系的研究,把握水产技术推广体系建设与运行的先进经验,对建设与完善我国水产技术推广体系具有十分重要的作用。主要启示如下:

加强水产技术推广体系建设是发展现代渔业、促进渔业发展方式转变的关键,也是各国政府保护渔业发展与渔民增收的重要方式之一。美国、日本、韩国等国家在水产技术推广机构设置、水产技术推广队伍优化、水产技术推广经费使用和水产技术推广立法等方面都有相对健全的制度,并在其他方面给予水产技术推广工作许多有力的措施和支持。如在财政支持方面,美国、日本和韩国的各级政府与水产技术推广机构都按照规定比例承担水产技术推广经费,有力地保障了水产技术推广工作的长效发展。当前,重视并领导水产技术推广体系发展是政府的重要职责所在。近年来,虽然我国政府对水产技术推广工作及推广体系建设发展的重视程度不断加强,但我国水产技术推广体系建设与发展仍然存在较多的问题,水产技术推广体系改革建设仍需不断加强。因此,必须树立政府主导水产技术推广体系建设这一中心,积极探究社会主义市场经济体制下水产技术推广体系的运行机制、方式和路径,强化政府服务主体的意识,不断打造具有中国特色的、适合中国国情的、健康稳定高效的水产技术推广体系。

水产科学技术成果通过研发后亟须快速流入生产环节,而高素质水产技术推广人员是实现科技成果快速转化的关键,这也是各国注重水产技术推广队伍建设的主要出发点。如在美国,大部分水产技术推广人员都具备硕士学位,日本政府通过组织严格的资格选拔考试来筛选高素质的水产技术推广人员。与此同时,各国对水产技术推广人员的待遇、奖励等方面制定了相关的有效政策,从根本上保障并鼓励水产技术推广人员积极投入到水产技术推广工作中。如日本对水产技术推广人员采取"普及津贴"制度,工资明显高于其他部门同等工作人员,水产技术推广人员享受公务员的同等工资待遇。在我国,水产技术推广工作一线具有工作条件苦、待遇水平低和社会地位不高的特点，科研院校毕业的水产技术推广人才不愿意选择水产技术推广工作，基层水产技术推广队伍呈现"线断、网破、人散"的现实，另有专长的水产技术推广人员被迫选择从事其他工作。基于此，我国政府应以法律形式固定用于水产技术推广人员的财政拨款，保证水产技术推广人员的基本工作与福利待遇，并为专业性人才提供相关优惠政策，通过严格选拔水产技术推广人员提高整个水产技术推广队伍的整体素质水平。

发达国家都以法律形式明确规定了水产技术推广经费的相应投入，从而在根本上保障水产技术推广工作的顺利开展。如美国《史密斯—利弗联邦推广法》明确规定了从中央到地方各级主管部门的经费承担比重，鼓励私人捐款支持水产技术推广工作；日本的水产技术推广经费也由中央和地方各级政府共同承担，并明确规定各级政府的财政支持比例。现阶段，虽然我国水产技术推广经费呈现不断增长，但总体来说，用于水产技术推广工作的经费比重相对不高，资金供给渠道较为单一，非政府资金支持比重几乎为零。因此，我国需要建立完善农业水产技术推广相应法律，以法律形式确定各级政府的推广经费比重，对企业投入和私人捐助政府也应制定相应的措施予以鼓励和支持。

随着渔业的发展，世界各国的水产技术推广体系所承担的业务范围呈现多样化发展，其功能定位更加全面，不仅涉及水产生产技术、生产经营管理、市场信息、水产品加工与运输等方面，还涉及家庭生活、卫生健康、渔村建设等渔民生产生活的多个方面。如美国的水产技术推广工作包括水产科技服务、家政服务、4H青年服务、自然资源和农村地区开发等多个方面；日本的水产技术推广机构在传播水产技术的同时还为渔业发展提供资金、物资生产保险及生产全过程的跟踪性指导服务。当前，虽然我国水产技术推广内容在不断丰富，但比较而言，其推广内容涉及范围相对较窄，为广大渔民提供的服务主要是水产技术指导，涉及渔民生产生活的其他服务几乎为零，而用于提高渔民科学文化素质、改善渔民生活质量、美化渔村建设和保护资源环境等方面的内容更是微乎其微。因此，各级水产技术推广就应基于水产技术推广这个中心不断丰富服务的类型与内容，真正服务于广大渔民的生产生活。

比较而言，各国都采取了适合本国渔业发展的水产技术推广方式，从推广方式上确保水产技术推广效率的有效提升。如美国的水产技术推广以引导启发为主，采取自上而下的咨询式推广，采用宣传培训、示范表现、发放材料、专家讲座和走访渔户等推广方式，若遇到专门问题还通过组织小组讲座、区域会议等，从最大限度上发动更多的专业人员予以解决现实生产技术问题。随着信息化进程的加快，美国、日本和韩国等国家通过打造全国性专业的水产技术推广网站，依托现代通信科技不断更新推广手段，最大限度地满足渔民对水产技术的现实需求。目前，我国比较成熟的传播方式是以广播、电视为主的传统型传媒传播，这也是部分渔民获取水产技术信息的主要方式，虽然通过互联网等新兴传媒传播的方式在不断完善，如依托智能手机联系专家方式还在初步建设中，但仍有很长的路要走。因此，水产技术推广机构应联合其他部门不断加强渔业信息化建设，依靠科学方式不断提高水产技术推广效率。

为实现水产科技成果的快速转化，许多国家在实践中逐步形成了适合本国生产现实的水产技术推广体系，其基本特点是教育、科研和推广三方面有机结合。如美国的"三位一体"式水产技术推广体系是由政府主导的，以州立大学为主体的渔业教育、科研、推广相结合的水产技术推广体系，从根本上保障了推广队伍的素质、科技研发的方向和技术推广的高效化，有利于水产技术推广工作的有效开展。现阶段，我国的农业（水产）教育、科研和推广部门三者缺乏有效协作，教育和科研机构只专注于科学研究，而同现实推广联系甚少；推广机构只关注推广技术，忽略了技术推广的质量和效益。因此，应建立教育、科研、推广三者密切结合的水产技术推广合作机制，实现三者资源的优化配置，从而实现推广效益的最大化。

发达国家在发挥政府推广职能的同时，也鼓励和支持水产经济合作组织、水产龙头企业、渔业生产资料公司的作用。日本与韩国的渔业协同组合、法国与印度尼西亚的渔业协会等组织在水产技术推广体系中发挥着重要作用；各国的渔业生产资料公司在供应鱼苗鱼种、生产工具的同时，向广大渔民传授水产新技术，加快了新品种和新技术的推广。当前，尽管我国水产经济合作组织、水产龙头企业和渔业生产资料公司不断强化其在技术推广方面的作用，但在总体上无法呈现显著规模效应，其发展处在初级阶段，组织结构松散，缺乏政府的科学引导，因此，要建立一套适合渔业发展的规范性、高效性的运行机制、组织体系和保障制度，将其纳入我国水产技术推广体系中，为构建"一主多元"化的水产技术推广体系发挥更好的作用。

美国、日本和韩国等国家都有相应的农业（水产）立法，并在实践中不断完善。《中华人民共和国农业技术推广法》自颁布以来，不断出现如政策性、机制性及关联性等新问题和新情况，由于出台该法律时间较为仓促，对许多现实性重要问题只做了原则性规定，因此，在具体操作过程中出现了主体不清、操作不强和有法难依的现实。为此，需要尽快修订并完善法律，制定技术推广的相关管理条例和实施细则。与此同时，要加大执法监察力度，将水产技术推广工作落到实处。

第八章　我国沿海地区水产技术推广体系优化分析

"十二五"是我国渔业发展的最佳时期,党中央国务院对渔业的重视程度最高,是投入资金最多、发展最快、质量最好的五年,也为我国水产技术推广体系推进改革、争取支持、提升活力和扩大影响提供了良好的条件。"十三五"期间,渔业发展面临一些新问题与新情况,为水产渔业发展带来了机遇和挑战,对打造一个保障有力、运行有效、服务便捷、贴近渔民的水产技术推广体系提出了更高的要求。为了提高水产技术推广的工作效率,满足广大渔民对新型水产技术的需求,提高技术供给与需求的契合水平,本章将探究我国水产技术推广体系的优化目标,以期为"十三五"时期我国水产技术推广体系建设与发展的科学化和高效化提供一定的借鉴。

第一节　水产技术推广体系优化的目标

供求契合视角下水产技术推广体系优化的主要目标是通过提高水产技术推广机构的推广效率水平,进而实现水产技术供给与需求的契合程度,满足异质性渔户的水产技术需求,让广大渔民获得有效的技术指导,提高渔业产量。为实现水产技术供给与需求的高度契合,应从水产技术供给主体和需求主体两个方面进行目标设定,最终实现水产技术推广体系优化的主要目标。

通过分析现阶段水产技术推广体系建设与发展情况,水产技术推广体系运行不畅、基层水产技术推广工作力度不强等现实导致水产技术供求契合水平不高,异质性渔户的水产技术需求无法得到有效满足。水产技术推广体系优化的重点是针对异质性渔户的需求特征为其提供专业配套的水产技术与服务。

第一,从供给主体来看,政府主导的水产技术推广站及部分水产技术科研机构提供的水产技术与服务具有极强的公益性,水产经济合作组织、水产龙头企业、渔业生产资料公司和水产技术示范基地等推广机构具有一定的营利性特征，准确把握水产技术属性是实现不同水产技术供求平衡的基础。现实中，公益性水产技术主要包括水产科学捕捞技术、健康养殖技术、疫病防治技术、水产品质量安全技术、水产公共信息服务、生产防灾减灾技术和生态环境检测预报技术，此类水产技术的价值和使用价值难以分裂且具有显著的外部性特征，公益性水产技术推广机构就应加强各类渔户的推广范围与推广力度，保证广大渔户获得更多的公益性水产技术；非公益性水产技术主要包括水产品加工、包装、贮藏、运输技术，还涉及捕捞网具、饵料、药物、苗种等实物性技术，技术推广的主体是水产龙头企业和渔业生产资料公司为主，其供给方式多以物化和非物化相结合的形式进行，具有一定的市场导向性，相应推广工作就应以"渔民需求"为导向，政府予以一定的政策与财政支持。各类推广主体的推广方式应以渔户需求为导向，结合市场需要，将"自上而下"式推广逐渐过渡为"上下联合"式推广，加强各水产技术推广就地合作，提高"一主多元"推广体系的工作效率。

　　第二，针对水产技术需求主体的优化工作，必须明确各类渔户的多元化需求，特别是针对技术需求受众范围广但规模小的养殖小户及其生产方式较为传统、单一的捕捞渔户，该群体应同公益性水产技术推广主体建立长期合作，积极联系非公益性水产技术推广机构，实现技术采纳范围最大化；针对生产能力强、实力雄厚的养殖中户和养殖大户，与提供中高端水产技术与服务的非公益性水产技术推广建立"渔户＋龙头企业""渔户＋科研院所""渔户＋经济合作组织"等长效合作机制，实现有偿性水产技术同公益性水产技术获取最大化。与此同时，根据调研现实，广大渔户应在保证接受义务教育的同时，不断提高自身学历教育水平，积极参与水产技术推广机构的技术培训项目，提升自身文化水平与技术水平。基于上述目标，对现阶段水产技术推广体系的优化方案和优化对策进行论述。

第二节　水产技术推广体系优化的方案

一、通过"一主多元"优化水产技术推广体系的主体构成

　　依据我国"一主多元"水产技术推广体系建设的目标，水产技术推广主体

应结合自身特点深入水产技术推广工作中，以实现精准化水产技术推广为目标，发挥多元化水产技术推广体系的最大作用。

第一，针对捕捞渔户的技术需求，应加强水产技术推广站、水产经济合作社、水产龙头企业、水产科研院所和水产科研高校的技术供给力度，加强水产龙头企业、水产科研院所、水产科研高校和渔业生产资料公司的有效性推广强度。

第二，针对养殖小户群体，应加强水产技术推广站、水产经济合作社、水产龙头企业、水产科研院校和水产技术示范基地的技术供给力度，为养殖中户提供更多的技术服务。提高水产经济合作社、水产龙头企业、水产科研院校和渔业生产资料公司的有效性技术供给，以满足养殖小户在实际生产过程中的更多技术需要。

第三，针对养殖中户群体，水产技术推广站、水产经济合作社、水产科研院校和渔业生产资料公司等应提高技术供给数量，强化对养殖中户群体的水产技术指导强度，特别要加强水产龙头企业、水产科研院所、渔业生产资料公司和水产技术示范基地的技术供给有效性，为养殖中户提供更多的需求导向型水产技术。

第四，针对养殖大户，水产经济合作社、水产科研院校和水产技术示范基地的技术供给力度仍然不够，特别应加强水产科研院校对水产养殖大户的技术供给。针对养殖大户需要的水产技术推广主体中，水产科研高校、渔业生产资料公司和水产技术示范基地应加强其对该群体的有效性供给的力度，以解决更多养殖大户的实际生产难题。

提高水产技术推广效率的关键不仅要建立顺畅的水产技术推广体系，更要通过总结不同类型渔民对不同水产技术种类、推广主体和推广方式的各类水产技术需要，制定水产技术供给与需求契合标准，从根本上根据渔民群体的切实技术需要推行有针对性的水产技术推广工作。

首先，基层水产技术推广机构掌握水产技术供给与需求情况。制定水产技术供给与需求标准的前提是依托基层水产技术推广机构对异质性渔户采取技术推广工作普查，县级与乡级水产技术推广站在日常水产技术推广工作中，对水产捕捞渔户、养殖小户、养殖中户和养殖大户进行技术推广供需方面的信息采集，除掌握国家主导的水产品种和主推技术的推广情况之外，还应对各类渔户存在的其他水产技术需求进行总结，结合水产技术推广体系改革中提出的建立"一主多元"技术推广目标与具体要求重点把握水产科研院校、水产合作经济组织、水产龙头企业及渔业生产资料公司对不同类型渔户的技术供给现状，以现实生产中不同类型水产技术推广方式对异质性渔户的供给次数与效果为标准进行走访，上级水产技术推广站监督水产技术供求信息掌握的渔户数量与质量，基层水产技术推广机构也要采取科学的信息采集方法保证水产技术供求反馈信息的真实性与客观性，切实保证水产技术供求信息源头的有效性。

其次，建立区域性水产技术推广供需信息数据库。基层水产技术推广机构将不同渔户对水产技术推广工作的评价反馈信息通过初次汇总后提交至市级水产技术推广站；市级水产技术推广站根据各地区渔业发展实际将基层水产技术供求信息进行二次汇总，汇总工作以乡级行政机构为单位，保证各基层水产技术供求信息的完整性的基础上将水产技术供求信息反馈到省级水产技术推广机构；省级水产技术推广机构根据水产技术推广总站制定的水产技术推广政策文件具体分析省级单位水产技术供求现实，并派专人深入基层，监督水产技术推广和水产技术供求信息采集工作，对基层水产技术推广工作中存在的问题予以纠正，并同市级水产技术推广主管单位建立业务信息沟通制度，从二次程度上保证水产技术供求信息的真实有效性；农业部水产技术推广总站作为最终信息汇总负责单位将各行政区水产技术供求信息进行第三次汇总，最终掌握水产技术供求信息，为下一步水产技术推广政策制定和工作的开展提供相应借鉴。

最后，依据供求现实制定各级供求契合标准。水产技术供求信息的掌握是制定水产技术供求契合标准的基础，水产技术推广总站根据国家渔业发展政策制定国家级水产技术供求契合要求，各省、市级水产技术推广机构在结合国家水产技术供求契合政策的基础上根据本地区水产技术推广现实制定适合该地区水产技术推供求契合标准，主要从捕捞渔户和养殖渔户两个方面针对水产技术种类、水产技术推广主体和水产技术推广方式细化推广标准，并将其纳入基层水产技术推广工作考核标准，基层水产技术推广机构在未来水产技术推广工作中针对渔户的不同水产技术需要开展适合本地区的水产技术推广工作，提高水产技术推广效率水平。

依托科学推广扩大水产技术推广有效范围。现实中，渔户生产方式的差异性决定了水产技术推广需求的多样性，采取适宜的水产技术推广方式可以有效提高各类渔户的生产效率水平。基于此，针对不同渔户的技术推广差异化现状，应从以下五方面加强推广，以扩大有效技术推广的辐射范围。第一，针对捕捞渔户群体，应加强水产经济合作社专人指导、水产科研院校专家指导和水产科技示范户指导这三种方式的技术供给力度，也应加强渔民之间的经验交流，实现技术信息共享；第二，针对不同推广方式的供求契合现实，应保证捕捞渔户定期参加水产技术推广站培训，水产技术推广员送科技下乡工作中加强对捕捞技术的宣传力度，水产科研院校的专家、水产龙头企业的技术人员和渔业生产资料公司的工作人员应在现实中加强同捕捞渔户的联系，为其提供适合的水产技术；第三，针对养殖小户群体，要保证并提高水产技术推广培训工作和水产技术人员送科技下乡工作的质量，为养殖小户做好基础性技术供给工作，水产经济合作社和水产科研院校的相关专家应为养殖小户提供适宜小规模生产的相关水产技术，水产龙头企业和渔业生产资料公司的工作人员在同养殖小户进行水产技术推广过程中提高技术供给的有效性，保证养殖小户技术供给同需求的有效契合；第四，针对养殖中户群体，水产科研院校专家应加强同该群体的联系，水产龙头企业和水产生产资料公司的工作人员将现实中掌握的水产技术依照养殖中户需要予以传播，水产科技示范户应做好表率作用，为养殖中户推广一些更符合中型养殖规模的水产技术；第五，针对养殖大户群体，水产经济合作社应为养殖大户生产提供契合需要的先进技术，水产科研院校专家应将科研技术成果研发与满足养殖大户技术需要相结合，水产龙头企业和渔业生产资料公司应为养殖大户提供更多的适合其生产的先进生产技术与生产工具，水产科技示范户也应为养殖大户做好优良技术与苗种的典型示范作用，以提高养殖大户的技术供求契合水平。

二、通过"多方联动"优化水产技术推广体系的运行机制

政府水产技术推广机构主要负责基础性水产技术推广工作，而以水产科研院校、水产合作经济组织和水产龙头企业为主体的非政府型水产技术推广机构可以承担政府推广范围以外的技术推广工作。因此，构建"多元联动"化的水产技术协同推广机制具有至关重要的作用，其主要从以下方面进行建设：

第一，建立多元化水产技术推广体系。坚持政府主导水产技术推广的主线，依托政府协调各方推广主体共同参与水产技术推广，政府通过政策支持、资金扶持、技术共享等方式吸引水产科研院校、水产合作经济组织和水产龙头企业参与共同推广，水产科研院校保证技术研发和人才培养的同时配合水产技术推广机构开展新型技术物化试点，待技术成熟后交给水产技术推广机构进行大规模推广，水产合作经济组织在接受新兴技术的同时将自身技术资源交与水产技术推广机构，水产龙头企业将自身研发、同水产科研院校共同研发的新技术交与水产技术推广机构进行推广，尝试同渔户进行新技术共享试点，政府也对各个组织予以政策与资金扶持，最终建立一个"合作、共享、推广"的多元化协同推

广平台。

第二，加强非政府推广主体之间的协作创新。建立水产科研院校、水产合作经济组织和水产龙头企业等推广主体的合作，水产科研院校在输送先进水产技术的同时也可依托水产经济合作组织和水产龙头企业建立长效性试验点和人才实习单位，研制出的先进水产技术无偿交与合作单位使用，培养的高水平人才优先在合作单位择业，水产合作经济组织在引进水产科研院校先进技术的同时，选拔优秀水产人才服务于水产经济合作组织，加快水产新兴技术的采纳速度，提高本经济合作组织的实力，水产龙头企业在同水产科研机构建立业务合作的同时对市场进行有偿性技术输出，拓宽水产龙头企业和水产科研院校的资金投入渠道。

第三，加强同国外水产技术推广体系的协同合作。政府主导型水产技术推广机构在保证国内水产技术推广工作的同时，加强同水产大国的水产技术推广合作，通过建立一套成熟稳定的长效合作机制，结合我国推广实际建立"创新型"水产技术推广工作体系，水产科研院校、水产合作经济组织和水产龙头企业等非政府型水产技术推广机构加强同国外相关机构的技术合作，将国际流行的水产技术依托"多元化"水产技术推广平台推广给更多的渔民，让渔民真切受益。

三、通过"完善法规"优化水产技术推广体系的运行环境

第一，明确水产技术推广主体管理方式。理顺各级水产技术推广机构的隶属关系，保障各级水产技术推广机构的行政隶属关系。现行《农业技术推广法》中"因地制宜设置县、乡镇或者区域国家农业技术推广机构"的规定，导致各级水产技术推广机构行政隶属关系一般由各级政府负责，上级水产技术推广技术机构无法有效组织下级水产技术推广机构进行有效技术推广。国家应从法律层面明确各级水产技术推广机构实行"垂直化"管理模式，有利于提高水产技术推广效率，避免推广资源浪费。农业部下设的水产技术推广总站作为全国水产技术推广工作的顶层机构，直接对农业部负责，各级的水产技术推广机构脱离各级政府农业、水产或水利主管部门的行政管理，上级水产技术推广机构负责下一级水产技术推广机构的人员编制制定，本级水产技术推广经费主要由上级水产技术推广机构负责，保证各级水产技术推广机构行政和财政方面的独立性，上级水产技术推广机构制定下级水产技术推广机构的水产技术推广业务，指导下级水产技术推广机构相关业务，而各级政府对水产技术推广机构承担服务性工作，并及时将

现实掌握的水产技术需求反馈给本级水产技术推广机构，从法律层面提高水产技术推广体系推广工作的独立性和权威性。

第二，明晰非政府型推广主体的责任与义务。明确非政府型推广主体的责任，保障非政府推广机构配合政府型水产技术推广机构开展协同性推广。《农业技术推广法》第17条、第18条、第23条和第25条规定："国家鼓励和支持群众性科技组织、农（渔）专业合作社、涉农（渔）企业等非政府型水产机构进行水产技术推广工作。"而引导政府鼓励和支持非政府型水产技术推广主体的责任与义务并未给予明确规定。国家应从法律层面明确政府引导非政府型水产技术推广主体进行技术推广工作的主体责任，明晰政府对非政府型水产技术推广机构在政策扶持、资金保障等方面的职责，将非政府型水产技术推广机构的权益保障纳入法律体系。对参与水产技术推广工作的水产经济合作社给予一定的资金支持，水产技术推广机构对优势性水产技术优先给予水产经济合作社使用；对参与水产技术推广工作的水产龙头企业除给予资金扶持外，参照水产技术推广效果给予一定程度上的税费减免，水产技术推广机构的优势水产技术优先给予水产龙头企业使用；对参与水产技术推广工作的渔业生产资料公司给予税费减免和资金扶持，政府优先采购该类型渔业生产资料公司的相关生产工具。通过法律保障非政府水产技术推广机构参与水产技术推广工作，能有效提高各类非政府水产技术推广机构参与技术推广工作的热情，从法律层面保障"一主多元"型水产技术推广体系建设，推动多元化水产技术推广体系建设，推进现代渔业又好又快发展。

第三，强制科研院校参与公益性技术推广。水产科研院所和科研高校是水产技术研发的主要机构，是水产技术推广技术保障的基础。《农业技术推广法》第16条规定："鼓励科研院校参与水产技术推广工作。"但规定较为笼统，不能实现水产科研机构积极参与水产技术推广工作。应该从法律层面规定水产科研机构参与水产技术推广工作的义务与责任，细化科技人员参与水产科技成果转化作为工作考核和职称评定的措施，从法律层面规定科研主管部门对科研机构参与水产技术推广绩效纳入机构考核体系，鼓励政府对水产科研机构参与公益性水产技术推广给予一定的资金扶持，对水产科研高校培养的专业型推广人才给予一定人才经费补贴，对积极参与水产技术推广的高等人才在申请国家基金项目时予以优待，鼓励高素质推广人才加入国家水产技术推广队伍。与此同时，将水产科研机构参与水产技术推广工作纳入政府水产技术推广工作体系中来，强制国家各类科研院所和科研院校参与水产技术推广，建立科研机构参与公益性水产技术推广机制，将自身技术研发优势转化到现实水产生产中，提高水产技术推广工作总体效率。

第四，打造专业化水产技术推广法律体系。现阶段，我国关于水产技术推广工作的法律依据是《农业技术推广法》，基于渔业同陆地农业差异性决定仅依靠《农业技术推广法》保障水产技术推广体系建设和水产技术推广工作存在很大的不足。国家立法机构应该结合渔业发展和水产技术推广工作的特点，制定专业化的水产技术推广法律体系。根据水产技术推广体系建设和水产技术推广工作存在的问题，有针对性地对水产技术推广机构建设、水产技术推广经费使用、水产技术推广队伍设置、水产技术推广方式和协同式水产技术推广工作予以法律规定，建立专门性水产技术推广专业法律，从现实中保障水产技术推广工作有法可依，推动我国水产技术推广事业的可持续性发展。

第三节　水产技术推广体系优化的对策

一、完善水产技术推广机构管控能力

水产技术推广机构是水产技术推广体系改革的基础，鉴于当前水产技术推广机构存在"条块分割"式管理，降低了水产技术推广工作的效率。因此，应从三个方面对水产技术推广机构进行科学设置，理顺推广机构管理体制。

第一，科学设置水产技术推广机构。以《农业推广法》为基石，依法科学设置各级水产技术推广机构，建立"垂直型"机构管理体制，保证上级推广机构对下级推广机构的行政管理和业务指导，各级政府只在业务需求方面对本级水产技术推广机构进行业务咨询和供求反馈，以县、乡级水产技术推广机构为重点，按照"管理在县、服务在乡"的管理模式推进基层技术推广站建设，明确乡镇级技术推广站的职责和岗位，深化并构建"多位一体"的水产公共服务体系，强化水产技术推广公益性职能定位。

第二，细化推广机构职责。依靠《农业技术推广法》公益性职责细化各级水产技术推广机构职责，各级水产技术推广机构根据职能分工履行好公益性职责，水产技术推广机构在实施推广项目时按照上级推广机构和地方政府的意见要求做好推广工作，在稳定基础性公益推广职能的基础上加强渔业资源养护、生态环境监测、公共信息服务等新型公益职能，拓宽服务范围，充分协调好同非政府型水产技术推广机构的关系。

第三，理顺推广机构管理体制。根据各级水产技术推广工作的特点，制定和完善符合乡镇一级水产技术推广机构的管理体制，稳定基层政府对基层水产技术推广工作的有效指导和监管，以县级政府主管部门管理为主，明确乡级水产技术推广机构的工作职责，建立稳定的管理体制，在完成保证推广任务的同时负责指导推广人员业绩考核、人员配备、岗位聘用和职位晋升等方面的职责，深化基层水产技术推广体系管理体制改革，保证人事管理和业务管理的协调性，发挥其在推广一线的功能与职责。

二、拓展水产技术推广主体服务能力

水产技术推广人员是水产技术推广工作顺利开展的重要载体，对深化水产技术推广体系建设具有至关重要的意义。基于此，主要从三个方面提高水产技术推广队伍的整体素质。

第一，培养水产技术推广人员敬业精神。水产技术推广工作从国家安全角度决定必须由国家负责，水产技术推广公益性职能将长期存在，这就需要每名水产技术推广员具备极强的敬业意识与敬业态度，通过提高自身奉献精神、团队精神、服务意识，扎根水产技术推广一线，不怕苦、不怕累，结合不同渔民的个体差异与个性需求，融入渔民群体，让广大渔民接受自己，进而站在渔民角度为其针对性地提供有效的水产技术服务。

第二，加强水产技术推广人员职业技能培训。水产技术推广工作是一项系统而又复杂的工作，其具有工作地点与时间灵活多变的特点，推广内容较多，推广对象群体庞大而需求呈现多样化，因此，水产技术推广人员必须提高身体职业技能，可以及时妥善处理水产技术推广过程中产生的各种新问题，特别要加强基层水产技术推广人员的系统培训工作，通过推行负责人与技术骨干轮训，建立推广人员培训的长效机制，依托推广人员培训与沟通平台，通过线上与线下两种方式参与专业技术培训，并定期同水产领域专家进行学习沟通，结合推广实际参与技术培训。

第三，建立水产技术推广人员工作激励与考核机制。水产技术推广工作不是一蹴而就的活动，而是一种持续性、长期性的专业化工作，通过建立推广人员激励机制，提高水产技术推广员参与技术推广工作的热情，依托推广人员工作考核机制，严格人员选拔，督促并推动水产技术推广人员积极开展推广工作，保证水产技术推广队伍的服务质量，并在有条件的地区开展水产技术推广员持证上岗试点，提高水产技术推广队伍的工作效率。

三、提升水产技术推广经费保障能力

充足的推广经费是保障水产技术推广工作的基础，针对现实问题主要从四个方面强化水产技术推广经费保障力度。

第一，水产技术推广经费来源渠道多元化。水产技术推广经费充足是推进水产技术推广体系改革、加强水产技术推广体系建设的有力保障，但基于国家和各级政府经费的有限性，政府应鼓励并支持建立多元化水产技术推广投入机制，鼓励民营资本、外资资本和工商资本进入水产技术推广领域，依托多渠道筹集资金，解决水产技术推广经费短缺问题。鼓励政府水产技术推广机构开展技物结合服务、技术咨询、技术承包、信息服务等有偿服务，获取一定的经济收入以补偿公共物品属性的水产技术推广。在政府推广经费供给的技术上，因地制宜结合地区特色拓宽技术推广经费的来源渠道。

第二，提高水产技术推广业务经费比重。在保证水产技术推广经费不断增加的基础上，合理分配水产技术人员经费和业务经费比重，随着水产技术推广人员生活保障经费的增加，加强基层水产技术推广员的经费补贴，在保障其基本生活的基础上提高推广人员的生活水平。在保障人员经费稳定投入的基础上，提高水产技术推广业务经费特别是用于基层推广机构的投对入比重，加速基层推广机构完善工作和推广设备器材更新，加强基层推广人员的培训与再教育，保证专业技术知识及时更新。在此基础上，保证水产技术推广的人员经费与业务经费投入与使用比例为1:1，确保水产技术推广人员生活稳定的同时加强人员专业化水平。

第三，加强渔民教育培训经费投入。提高财政对渔民教育的投入，确保农村九年义务教育的完成，引导职业院校加强对渔民的基础性技术专业培训，鼓励更多学生升入高中或大学，形成现代型渔民带动传统型渔民的良性循环，提高整个渔民群体的整体文化水平。在此基础上，水产技术推广机构加强渔民的专业技能培训，切实让渔民认识到新兴水产技术对提高收入、增加产量的有效作用，水产技术推广机构加快新型渔民和渔村实用人才的培养力度，扩大培训规模，培育一批科技示范户和职业渔民，培养一批懂技术、会经营、善管理、有文化的合作经济组织领头人。

第四，加强经费在基层推广的监督力度。水产技术推广经费主要由各级政府财政拨款，针对在使用中存在投入不到位的问题，政府应针对经费使用建立推广工作监督制度，通过采取水产技术推广工作成效汇报、基层渔民长效性回访、主要负责单位责任人问责等方式落实水产技术经费使用情况，准确把握用于推广一线的经费使用，将季度与年度水产技术工作纳入各级政府负责单位和水产技术推广站的考核工作中，从根本上保证水产技术推广经费真正用于水产技术实际推广中。

四、加强水产技术推广工作执行能力

（一）完善东部地区水产技术推广综合型水产技术推广体系建设

东部沿海地区水产技术推广工作既包括海洋水产技术推广，也包括淡水水产技术推广，综合型水产技术推广体系建设发展相对最好。东部地区水产技术推广效率总体发展水平相对最好，但内部仍然存在一定差距。在实践中应从以下三个方面推进东部地区综合型水产技术推广体系建设，缩小各地区之间的技术推广差距：

第一，结合地区优势深化水产技术推广体系改革工作。加强福建、辽宁、广东、浙江、山东、海南、广西和江苏地区等水产技术推广优势地区水产技术体系建设，打造高素质型综合类水产技术推广队伍，加强水产技术推广专业人员的技术培训和学历教育力度，保证水产技术推广"五有站"建设质量和水产推广经费投入，实现技术推广设备更新和技术推广方式多元化，针对天津和上海两个水产技术推广效率水平相对较低的直辖市，应在保证水产技术推广经费投入的基础上加强水产技术推广"精准化"特点。与此同时，加强对东部渔民的技术培训与学历教育工作，提高东部渔民群体的文化水平。

第二，重点推进以海洋渔业技术推广工作为核心的水产技术推广。东部各行政区都为我国的沿海省市，海洋渔业资源丰富，海洋科研资源雄厚，水产技术推广体系建设及水产技术推广工作重点以为海洋渔业发展提供技术保障为主，按照加快推进现代渔业建设的要求，侧重做好渔业关键技术推广、水生动物疫病防控、水产品质量安全检测等方面的公益性工作，逐步建立分品种、分区域的联合技术示范推广新模式，打造沿海地区特色型海洋渔业技术推广服务，提升水产技术推广体系的整体影响力。

第三，加强地区间水产技术推广工作交流。东部地区水产技术推广体系建设以服务海洋渔业发展为中心，各地区之间水产技术应用存在很大交叉，构建区域水产技术推广工作交流机制，便于各地区水产技术推广机构进行水产技术推广体系建设、先进水产技术推广、成熟水产技术服务等经验沟通，取长补短，结合各地区渔业发展特点构建适合本地区渔业发展的水产技术推广体系。

（二）加强中部地区专项型水产技术推广体系建设

我国中部地区以发展淡水渔业为主，水产技术推广体系建设存在地区性差异，导致总体水产技术推广效率总体水平低于东部地区。基于此，中部各地区应重点从以下三个方面加强专项型水产技术推广建设：

第一，深挖优势地区水产技术推广潜力。我国中部地区水产技术推广体系建设较好的地区主要有湖北、江西、安徽和湖南省，该地区积极推动科技创新和应用体系升级工作，积极推广适合区域发展的主推技术和主导品种，大力开展"科技入户"和"阳光培训工程"，积极建设基层水产技术推广体系改革和示范地区，鼓励和支持多元化水产技术推广服务，公益性服务职能不断发挥，省、市、县三级联动式社会化水产技术推体系优势突出。在此基础上，中部优势地区要按照水产技术"五有站"建设标准加强水产技术推广体系改革力度，保证水产技术推广体系科学运行，增加水产技术推广人员进行区域交流和国际学习的机会，保证水产技术推广人员经费投入力度，在确保推广队伍稳定的基础上不断增加业务经费投入，发挥水产技术推广优势，树立地区模范典型。

第二，保证弱势地区水产技术推广投入。吉林、黑龙江和河南地区渔业发展存在产业经营规模低、综合生产能力低、水产支撑体系不健全等特点，导致水产技术推广效率水平相对较低，水产技术推广体系建设相对弱势。因此，这些地区应结合本地区渔业发展特点，在保证原有体系建设的基础上深化水产技术推广体系改革，从人力和物力方面做好基础性保障，政府应加大对水产技术推广体系改革的重视程度，明晰水产技术推广机构的职能定位，补充高水平水产技术专业人员数量，理顺技术推广服务职能和行政管理职能的关系，以"行政监督"为主、"市场管理"为辅的监管方式提高各级水产技术推广体系的工作水平。

第三，建立区域内部水产技术工作协同发展机制。中部各地区水产技术推广体系建设和推广工作情况各不相同，水产技术推广体系建设较好的地区存在很大的优势，建立水产技术推广工作协同发展机制可以有效实现优势地区对劣势地区的帮扶力度，努力实现各省之间的工作经验交流与合作，更要突出各地区内部水产技术推广工作较好的地区对推广效率水平相对较差地区的帮扶，在体系建设、机构设置、人员培养、经费使用和技术培训等方面加强沟通，通过建立绑定式合作方式实现区域内部及不同区域之间水产技术推广体系建设的共同进步。

（三）推进西部地区资源型水产技术推广体系建设

西部地区位于我国西部腹地，渔业发展规模较小，水产技术推广体系建设相对最弱，各地区水产技术推广效率水平相对很低。鉴于此，应从以下两个方面构建西部地区资源集约型水产技术推广体系：

第一，强化政府水产技术推广工作的重视程度。西部地区水产技术推广效率水平总体较低，尤其是重庆、宁夏、云南、陕西、贵州、甘肃、青海和西藏地区的水产技术推广工作发展极为落后，水产技术推广体系建设不完善等问题突出。因此，西部地区各级政府应重视本地区水产技术推广工作的重要性，其提高水产技术推广工作水平是增加渔民收入的重要保障，在此基础上，各级政府应结合生产实际按照《农业技术推广法》及水产技术推广工作相关规划引导水产技术推广体系建设与发展，集中建设一批高水平水产技术推广站，提高水产技术推广人员的待遇和业务能力，对综合实力较强的渔户进行重点式技术供给，实现技术推广工作由单项性服务向综合性服务延伸，从产中环节向产前和产后环节延伸，坚持政府主导水产技术推广体系建设，从管理机制改革和推广方式转变等环节推进西部各地区水产技术改革。

第二，加大基层水产技术推广体系的投入力度。加大政府对基层水产技术推广的财政支持力度，增加水产技术推广资金投入，建立多元化资金筹集机制，依托国家针对西部地区发展的重大建设项目与政策设立水产技术推广专项基金，设立基层水产技术推广专项基金，以制度化增加财政支农力度，重点支持重大水产技术措施推广、水产技术推广人员培训和基层水产技术推广机构推广设施，保证基层水产技术推广工作的公益性职能发挥。与此同时，保证乡镇一级水产技术推广机构的稳定，保证编内推广人员经费纳入财政预算，依法维护推广机构和推广人员的合法权益，杜绝编制乱用问题的发生，通过严格人员考核、人员定期监管等方式保证水产技术推广队伍的公平与稳定，提高水产技术推广质量。

五、提高异质性渔民水产技术应用能力

（一）加强渔民技术培训与职业教育力度

水产技术推广应以提升广大渔民的技术水平为基本目标，特别是要加强对青少年的培养，依托有效机制，整合水产技术推广、科研和教学资源，调动水产技术推广机构、科研机构和教育部门共同培育现代化渔民，实现水产技术推广和渔民科技素质教育的双提升，通过科技入户示范工程，围绕地区性主导品种和主推技术，进村入户，培育一批水产科技示范户和渔民科技领头人带领其他渔民认可并参与到水产技术推广工作中来。水产技术推广机构协同各级政府

采取传统传媒与现代传媒相结合的方式加强对渔民群体的教育培训，利用互联网、手机短信等形式加强水产技术推广人员同渔民的联系，提升渔民群体的专业知识水平。

（二）加强不同渔户水产技术教育工作

依据水产技术供给和需求标准，各级水产技术推广机构特别是基层水产技术推广机构能够准确把握该地区的水产技术供求契合现状和具体推广目标，这是对构建现代化水产技术推广体系、提高水产技术推广效率、解决异质性渔民的不同技术需要具有积极的意义。要提高水产技术供求契合水平，扎实推进水产技术针对性推广，要从以下四个方面加强：

第一，加强对捕捞渔户专项技术的有效供给。现实中，捕捞渔户所需要的水产技术主要是水产健康捕捞技术，水产技术推广机构要结合渔业发展刚性约束，参考国外水产捕捞技术标准，对拖网捕捞、围网捕捞、刺网捕捞和钓具捕捞的新型技术标准进行普及宣传，并免费为捕捞渔户提供相应的捕捞网具进行试点，结合生产工具科学使用技术，依托推广典型扩大对捕捞渔户的技术供给力度，提高水产科学捕捞技术、生产工具安全使用技术的供求契合水平。

第二，针对水产养殖小户群体，应大力加强水产公共信息技术、水产生态环境监测预报、水产品质量安全技术、水产生产防灾减灾技术和水产品加工、包装、贮藏、运输技术的供给。与此同时，针对供求契合存在的不足，应继续加大基础性水产技术的有效性供给，大力加强水产品质量安全技术、水产公共信息技术、水产生态环境监测预报服务、生产工具科学使用技术和水产品加工、包装、贮藏、运输技术的有效供给力度，满足养殖中户对非基础性水产技术的需求程度。

第三，针对水产养殖中户群体，水产技术推广机构应保证对水产公共信息技术、水产生态环境监测预报、水产品质量安全技术、水产生产防灾减灾技术和水产品加工、包装、贮藏、运输技术的供给力度。针对当前供求契合水平较低的水产技术，水产技术推广机构应大力加强养殖中户急需的水产品质量安全技术、水产公共信息技术和水产生态环境监测预报的有效性推广力度，提高技术供求契合水平，并对供求契合水平较低的水产生产防灾减灾技术、生产工具科学使用技术以及水产品加工、包装、贮藏、运输技术提供针对性供给。

第四，针对水产养殖大户群体，水产技术推广机构应保证高端水生生物良种繁育技术、水产健康养殖技术、水生生物疫病防治技术和水生生物科学用药技术等基础性养殖技术供应，对生产工具科学使用技术、水产品质量安全技术、水产公共信息技术和水产生态环境监测预报加强推广。针对水产养殖大户总体供求契合水平较高的现实，水产技术推广机构应在加强水产品质量安全技术、水产品质量安全技术、水产公共信息技术和水产生态环境监测预报服务等技术有效性供给的基础上提高其他水产技术的契合比重。

第九章 研究结论与展望

第一节 相关研究结论

本书以水产技术推广体系为研究对象，以供求契合理论、技术创新扩散理论、技术成果转化理论、农民行为改变理论和系统理论为指导，基于供求契合视角对我国水产技术推广体系的优化进行了系统的探究。第一，构建我国水产技术推广体系优化研究的基本理论架构，对相关概念及理论进行阐述；第二，根据我国水产技术科研机构和推广机构发展现状对我国水产技术推广体系进行分析，从科研机构、科研队伍、科研成果等方面对水产技术推广的基础性保障工作进行分析，从推广机构、推广队伍、推广经费、教育培训和运行机制等方面对水产技术推广体系发展现状进行分析；第三，利用数据包络分析和随机前沿分析对我国沿海各地区水产技术推广效率进行了测度，在此基础上运用综合效率分析法对我国沿海地区水产技术推广综合效率进行了测算，从时间和空间角度对水产技术推广效率水平及影响因素进行了分析；第四，以山东省青岛市作为样本地区，对水产技术供给和需求现状进行实地调研，通过构建供求契合度模型对水产技术推广内容、推广主体和推广方式的供求契合关系进行了实证分析；第五，根据分析归纳总结供求契合视角下我国水产技术推广体系建设与发展存在的问题；第六，通过分析美国、日本和韩国等国家水产技术推广体系建设经验，提出适合我国水产技术推广体系发展的相关经验；第七，从供求契合视角提出我国水产技术推广体系的优化的相关对策与建议。经过理论分析与实证研究，主要得出以下五点结论：

（1）定性分析我国水产技术推广体系建设情况。首先从科研机构、科研队伍和研发成果等方面对我国水产技术研发体系进行了分析，随后从我国水产技术推广机构、推广队伍、推广经费、教育培训和运行机制等方面对水产技术推广体系进行了探究。研究发现，水产技术研发体系是水产技术推广体系有序开展推广工作的关键，政府主导型水产技术推广体系具有自身优势，但在体系建设与运行方面存在一定不足，建立"一主多元"式水产技术推广体系是当前水产技术推广工作发展的重点。

（2）定量测度水产技术的综合推广效率。通过选取投入产出指标与环境变量，运用三阶段数据包络分析模型和 Malmquist – DEA 模型测算全国沿海各地区水产技术推广效率，鉴于数据的连续性与水产技术推广在产出导向下的具体功能特性，运用 Malmquist – DEA 方法进一步测算我国沿海地区水产技术推广效率与推广体系的全要素生产率。研究发现，我国沿海地区水产技术综合推广效率水平相对而言还有较大的提升空间，各个省份之间水产技术推广体系之间的运营管理水平还存在一定的差异。不同省市的水产技术推广效率均不同程度地受到了环境变量与随机干扰因素的影响。2006 ~ 2017 年，尽管我国沿海地区水产技术推广效率整体处在相对较高的水平上，但各个省市的效率水平存在较大的波动性。综合而言，我国沿海地区水产技术推广体系的全要素生产率呈现出"V"字形的动态变化格局，部分省市在部分年份的效率变化相对显著。

（3）建立判别水产技术推广效果的供求契合度模型。运用分类别列联表分析法构建供求契合度模型，以山东省青岛市 5 区 3 市 16 个乡镇的 321 名异质性渔户作为研究对象，选取水产技术供求种类、水产技术供求机构和水产技术供求方式三项指标，分析水产技术推广体系提供水产技术满足渔户技术需要的契合程度，得出阶段性水产技术供求契合现状。研究发现，针对各类渔户的水产技术供求契合水平总体较低。其中，水产养殖大户的技术供求契合水平相对最高；养殖小户和养殖中户的技术供求契合水平大致相当，契合水平介于养殖大户和捕捞渔户之间；捕捞渔户的技术供求契合水平最低。

（4）分析并总结国外水产技术推广体系的先进经验。通过对美国、日本和韩国水产技术推广体系进行分析，从推广机构设置、推广队伍建设、推广经费来源及使用、水产技术推广立法等方面进行了研究。研究发现，结合我国水产技术推广体系建设现状，应从加强政府主导地位、打造高素质推广队伍、建立多元化推广经费投入渠道、实现推广内容多元化、加强协作式推广和完善立法等方面推进我国水产技术推广体系建设。

（5）提出了水产技术推广体系的优化方案。在总结当前水产技术推广体系存在问题及借鉴国外先进经验的基础上，推进政府主导型水产技术推广体系改革，确保公益性职能的有效发挥；因地制宜地对我国东、中、西部地区的水产技术推广体系进行建设，提高各地区水产技术推广效率水平；建立供求契合型水产技术推广机制，开展针对性技术推广工作，提高水产技术供求契合水平；完善水产技术推广法律法规建设，从法律上保障水产技术推广工作的有序开展，建立水产技术推广工作的专门性法律。

第二节 未来研究展望

供求契合视角下水产技术推广体系的优化是一项动态性的系统工作，不仅关系到政府主导的水产技术推广机构、水产科研院校、渔业合作经济组织、渔业生产资料公司等技术供给主体，也关系到捕捞渔户和养殖渔户等技术需求主体。因此，任何一种静态化单独视角都无法对体系优化进行全面性阐述。本书基于技术供给和技术需求的基础上，对各地区水产技术推广综合效率进行了测度，对多元化技术供给主体和不同技术需求主体之间的供求契合关系进行实证分析，通过总结问题，在借鉴国外先进经验的基础上提出水产技术推广体系优化的相关方案。但对于供给和需求关系的论述相对不足，基于现实原因只对青岛市水产技术供求契合进行了实证分析，分析仅具有地区性特点，下一步应选择典型地区扩大样本规模，保证研究的代表性。本书中对水产技术种类、水产技术推广主体和水产技术推广方式的分类存在一定交叉，针对捕捞渔户和养殖渔户的分析应进一步细化，明晰不同类型渔户的技术供求现实。与此同时，书中未对具体水产技术的推广进行分析，下一步应以国家主推技术和主导品种为研究对象，分析水产技术的供求契合关系，提高研究分析的精准性。

附　录

我国沿海地区水产技术供给与需求契合情况调查问卷

填表说明：1. 请根据实际情况在相应的答案画"√"；2. 除特殊说明外，每题只需选择一个答案。

一、渔民基本信息

1. 您的性别：

A. 男　　　　　　　　　　　　B. 女

2. 您的年龄：＿＿。

A. 20 岁以下　　B. 21～30 岁　　C. 31～40 岁　　D. 41～50 岁

E. 51～60 岁　　F. 60 岁以上

3. 您的学历：

A. 小学及以下　　B. 初中　　　C. 高中（中专）　D. 专科

E. 本科及以上

4. 您的身体健康状况如何？

A. 健康　　　　B. 良好　　　　C. 偏差

5. 您从事了多长时间的水产生产经营活动？

A. 3 年以下　　B. 3～5 年　　C. 5～10 年　　D. 10 年以上

6. 您家庭收入的主要来源是什么？

A. 水产（渔业）生产经营所得收入

B. 非水产（渔业）生产经营所得收入

C. 两者兼有

7. 您家庭年收入为：＿＿。

A. 3 万元以下　　　　　　　　B. 3 万～5 万元

C. 5 万～10 万元　　　　　　　D. 10 万～15 万元

E. 15 万～20 万元　　　　　　　F. 20 万～25 万元

G. 25 万～30 万元　　　　　　　H. 30 万元以上

二、经营主体划分

1. 您从事的水产经营活动主要是：

A. 水产捕捞业　　　　　　　　　　B. 水产养殖业

2. 您从事水产生产的目的是：

A. 自给自足生产经营　　　　　　　B. 小规模生产经营

C. 大规模生产经营

3. 您是否同水产企业签订"订单合同"?

A. 是　　　　　　　　　　　　　　B. 否

4. 您是否加入水产经济合作社?

A. 是　　　　　　　　　　　　　　B. 否

5. 您是否同水产科研机构进行合作?

A. 是　　　　　　　　　　　　　　B. 否

6. 您是否同水产科研高校进行合作?

A. 是　　　　　　　　　　　　　　B. 否

7. 您是否从银行贷款用于水产生产?

A. 是　　　　　　　　　　　　　　B. 否

8. 您主要采用什么样的生产方式?

A. 完全依靠传统经验　　　　　　　B. 在传统经验的基础上采用现代技术

C. 完全依靠现代科学技术

9. 您是否愿意采用水产技术推广机构提供的新技术（如新品种、新方法、新药）?

A. 非常愿意采用　　　　　　　　　B. 愿意采用，但得先了解

C. 等他人使用后，若有效再采用　D. 不愿意采用

三、水产技术推广供给与需求现状

1. 您现在使用的水产技术服务有哪些?（可多选）

A. 水产科学捕捞技术　　　　　　　B. 水产健康养殖技术

C. 水生生物良种繁育技术　　　　　D. 水生生物科学用药技术

E. 水生生物疫病防治技术　　　　　F. 生产工具科学使用技术

G. 水产品质量安全技术　　　　　　H. 水产公共信息技术

I. 水产生产防灾减灾技术　　　　　J. 水产生态环境监测预报

K. 水产品收获、加工、包装、贮藏与运输技术

2. 您现在最需要的水产技术服务是什么？（可多选）

A. 水产科学捕捞技术   B. 水产健康养殖技术

C. 水生生物良种繁育技术   D. 水生生物科学用药技术

E. 水生生物疫病防治技术   F. 生产工具科学使用技术

G. 水产品质量安全技术   H. 水产公共信息技术

I. 水产生产防灾减灾技术   J. 水产生态环境监测预报

K. 水产品收获、加工、包装、贮藏与运输技术

3. 您从哪些机构获得水产技术服务？（可多选）

A. 水产技术推广机构   B. 水产经济合作社

C. 水产龙头企业   D. 水产科研院所

E. 水产科研院校   F. 渔业生产资料公司

G. 水产技术示范基地

4. 您希望从哪些机构获取水产技术服务？（可多选）

A. 水产技术推广机构   B. 水产经济合作社

C. 水产龙头企业   D. 水产科研院所

E. 水产科研院校   F. 渔业生产资料公司

G. 水产技术示范基地

5. 您接受过哪些方式的水产技术指导？（可多选）

A. 水产技术推广站定期培训   B. 水产技术推广员送科技下乡

C. 水产专业合作社专人指导   D. 水产科研机构专家指导

E. 水产高科研高校专家指导   F. 水产企业工作人员指导

G. 渔业生产资料公司专人指导   H. 水产科技示范户指导

I. 电视、广播、报纸等传统传媒信息共享

J. 手机、电脑等新兴传媒信息共享   K. 渔户间相互沟通交流

6. 您希望接受哪些水产技术指导方式？（可多选）

A. 水产技术推广站定期培训   B. 水产技术推广员送科技下乡

C. 水产专业合作社专人指导   D. 水产科研机构专家指导

E. 水产高科研高校专家指导   F. 水产企业工作人员指导

G. 渔业生产资料公司专人指导   H. 水产科技示范户指导

I. 电视、广播、报纸等传统传媒信息共享

J. 手机、电脑等新兴传媒信息共享   K. 渔户间相互沟通交流

四、水产技术推广绩效

1. 您认为下列哪些机构对您的生产活动增产效果显著?

A. 水产技术推广机构　　　　　B. 水产经济合作社

C. 水产龙头企业　　　　　　　D. 水产科研院所

E. 水产科研院校　　　　　　　F. 渔业生产资料公司

G. 水产技术示范基地

2. 您认为下列哪些机构应加强水产技术推广的作用?

A. 水产技术推广机构　　　　　B. 水产经济合作社

C. 水产龙头企业　　　　　　　D. 水产科研院所

E. 水产科研院校　　　　　　　F. 渔业生产资料公司

G. 水产技术示范基地

3. 您对当前水产技术推广工作是否满意?

A. 非常满意　　　B. 比较满意　　　C. 一般满意　　　D. 不太满意

F. 非常不满意

参考文献

［1］ I. Arnon Ing. The Structure of National Agricultural Extension Services ［J］. Agricultural Research and Technology Transfer, 1989（6）: 97 – 735.

［2］ Gershon Feder, Anthony Willett, Willem Zijp. Agricultural Extension: Generic Challenges and the Ingredients for Solution ［J］. Knowledge Generation and Technical Change, 2001（19）: 313 – 353.

［3］ William M. Rivera. Agricultural Extension As Adult Education: Institutional Evolution and Forces for Change ［J］. International Journal of Lifelong Education, 1998（17）: 260 – 264.

［4］ Rachel Percy. Capacity Building for Gender-sensitive Agricultural Extension Planning in Ethiopia ［J］. The Journal of Agricultural Education and Extension, 2000（7）: 21 – 30.

［5］ Bjørnar Søther. Agricultural Extension Services and Rural Innovation in Inner Scandinavia ［J］. Norsk Geografisk Tidsskrift-Norwegian Journal of Geography, 2010（4）: 1 – 8.

［6］ Donkor Emmanuel, Enoch Owusu-Sekyere, Victor Owusu, Henry Jordaan. Impact of Agricultural Extension Service on Adoption of Chemical Fertilizer: Implications for Rice Productivity and Development in Ghana ［J］. NJAS-Wageningen Journal of Life Sciences, 2016（79）: 41 – 49.

［7］ Rupert Friederichsen, Thai Thi Minh, Andreas Neef, Volker Hoffmann. Adapting the Innovation Systems Approach to Agricultural Development in Vietnam: Challenges to the Public Extension Service ［J］. Agriculture and Human Values, 2013（30）: 555 – 568.

［8］ Francesco Goltti, Elise Pinners, Timothy Prucell and Domince Smith. Integrating and Institutionalizing Lessons Learned: Reorganizing Agricultural Research and Extension ［J］. The Journal of Agricultural Education and Extension, 2007

（13）: 227 – 244.

［9］ Yigezu A. Yigezu, Amin Mugera, Tamer El-Shater, Aden Aw-Hassan, Colin Piggin, Atef Haddad, Yaseen Khalil, Stephen Loss. Technological Forecasting and Social Change ［J］. Technological Forecasting and Social Change, 2018 （134）: 199 – 206.

［10］ Whitfield S. , Dixona J. L. , Mulenga B. P. et al. Conceptualising Farming Systems for Agricultural Development Research: Cases from Eastern and Southern Africa ［J］. Agricultural Systems, 2015 （133）: 54 – 62.

［11］ Jujes N. Pretty. Farmers' Extension Practice and Technology Adaptation: Agricultural Revolution in 17 – 19th Century Britain ［J］. Agriculture and Human Values, 1991 （8）: 132 – 148.

［12］ Marcus Taylor, Suhas Bhasme. Model Farmers Extension Networks and the Politics of Agricultural Knowledge Transfer ［J］. Journal of Rural Studies, 2018 （64）: 1 – 10.

［13］ Andrew Barnes, Iria De Soto, Vera Eory, Bert Beck, Athanasios Balafoutis, Berta Sánchez, Jürgen Vangeyte, Spyros Fountas, Tamme van der, Wal Manuel Gómez-Barbero. Influencing Factors and Incentives on the Intention to Adopt Precision Agricultural Technologies within Arable Farming Systems. Environmental Science & Policy, 2019 （93）: 66 – 74.

［14］ A. Roekasah and D. H. Penny. Bimas: A New Approach to Agricultural Extension in Indonesia ［J］. Bulletin of Indonesian Economic Studies, 1967 （7）: 60 – 69.

［15］ William M. Rivera. Agricultural Extension As Adult Education: Institutional Evolution and Forces for Change ［J］. International Journal of Lifelong Education, 1998 （17）: 260 – 264.

［16］ Juan B. Climent. An Analytical Framework on Extension Education for Agricultural and Rural Development ［J］. The Journal of Technology Transfer, 1991 （16）: 50 – 61.

［17］ S. H. Worth. Developing Curriculum Markers for Agricultural Extension Education in South Africa ［J］. Journal of Agricultural Education and Extension, 2008 （14）: 21 – 34.

［18］ Martin Mulder. Angela Pachuau. How Agricultural is Agricultural Education and Extension? ［J］. The Journal of Agricultural Education and Extension, 2011

(29): 219 –222.

[19] Rasheed SulaimanV. , Anne W. van den Ban. Reorienting Agricultural Extension Curricula in India [J]. The Journal of Agricultural Education and Extension, 2000 (7): 69 –78.

[20] Spielman D. J. , Ekboir J. , Davis K. et al. An Innovation Systems Perspective on Strengthening Agricultural Education and Training in Sub-Saharan Africa [J]. Agricultural Systems, 2008, 98 (1): 1 –9.

[21] Anderson J. R. , Feder G. Chapter 44 Agricultural Extension [J]. Handbook of Agricultural Economics, 2007 (3): 2343 –2378.

[22] P. Kibwika, A. E. J. Wals and M. G. Nassuna-Musoke, Competence Challenges of Demand-Led Agricultural Research and Extension in Uganda [J]. The Journal of Agricultural Education and Extension, 2009 (1): 5 –19.

[23] Mumtaz Ali Baloch, Gopal Bahadur Thapa. Review of the Agricultural Extension Modes and Services with the Focus to Balochistan, Pakistan [J]. The Saudi Society of Agricultural Sciences, 2017 (19): 1 –7.

[24] Clifton Makate, Marshall Makate. Interceding Role of Institutional Extension Services on the Livelihood Impacts of Drought Tolerant Maize Technology Adoption in Zimbabwe [J]. Technology in Society, 2018 (11): 1 –8.

[25] I. A. Akpabio, D. P. Okon and E. B. Inyang, Constraints Affecting ICT Utilization by Agricultural Extension Officers in the Niger Delta, Nigeria [J]. The Journal of Agricultural Education and Extension, 2007 (13): 263 –272.

[26] Kelvin Mashisia Shikuku. Information Exchange Links, Knowledge Exposure, and Adoption of Agricultural Technologies in Northern Uganda [J]. World Development, 2019 (115): 94 –106.

[27] Van Crowder L. Agents. Vendors, and Farmers: Public and Private Sector Extension in Agricultural Development [J]. Agriculture and Human Values, 1987, 4 (4): 26 –31.

[28] Wolf S. , Hueth B. , Ligon E. Policing Mechanisms in Agricultural Contracts [J]. Rural Sociology, 2001, 66 (3): 359 –381.

[29] Marsh S. , Frost F. Salinity: A Major Challenge in Western Australian Agriculture [J]. 1999.

[30] Hall M. H. , Morriss S. D. , Kuiper D. Privatization of Agricultural Exten-

sion in New Zealand: Implications for the Environment and Sustainable Agriculture [J]. Journal of Sustainable Agriculture, 1999, 14 (1): 59 – 71.

[31] Daku L., Norton G. W., Taylor D. B. et al. Agricultural Extension in South-Eastern Europe: Issues of Transition and Sustainability [J]. The Journal of Agricultural Education and Extension, 2005, 11 (1 – 4): 49 – 61.

[32] Marsh S. P., Pannell D. J., Lindner R. K. Does Agricultural Extension Pay? A Case Study for a New Crop, Lupins, in Western Australia [J]. Agricultural Economics, 2004, 30 (1): 17 – 30.

[33] Kidd A. D., Lamers J. P. A., Ficarelli P. P., et al. Privatising Agricultural Extension: Caveat Emptor [J]. Journal of Rural studies, 2000, 16 (1): 95 – 102.

[34] Davidson A. P., Ahmad M. Effectiveness of Public and Private Sector Agricultural Extension: Implications for Privatisation in Pakistan [J]. The Journal of Agricultural Education and Extension, 2002, 8 (3): 117 – 126.

[35] Rezaei A., Asadi A., Rezvanfar A., et al. The Impact of Organizational Factors on Management Information System Success: An Investigation in the Iran's Agricultural Extension Providers [J]. The International Information & Library Review, 2009, 41 (3): 163 – 172.

[36] Buadi D. K., Anaman K. A., Kwarteng J A. Farmers' Perceptions of the Quality of Extension Services Provided by Non-governmental Organisations in Two Municipalities in the Central Region of Ghana [J]. Agricultural Systems, 2013 (120): 20 – 26.

[37] Labarthe P., Laurent C. Privatization of Agricultural Extension Services in the EU: Towards a lack of Adequate Knowledge for Small-scale Farms? [J]. Food Policy, 2013 (38): 240 – 252.

[38] Farrell M. J. The Measurement of Production Efficiency [J]. Journal of Royal Statistical Society, 1957 (3): 253 – 281.

[39] Aigner, D. J., C. A. K. Lovell and P. Schmidt. Formulation and Estimation of Stochastic Frontier Production Function Models [J]. Journal of Econometrics, 1977 (6): 21 – 37.

[40] Meeusen, W. and J. van den Broeck. Efficiency Estimation from Cobb-douglas Production Functions with Composed Error [J]. International Economic Review, 1988, 18 (2): 435 – 444.

［41］Kumbhakar, S. C. and C. A. K. Lovell. Stochastic Frontier Analysis ［M］. Cambridge: Cambridge University Press, 2000.

［42］G. E. Battese and T. J. Coell. A Model for Technical Inefficiency Effects in A Stochastic Frontier Production for Panel Data ［J］. Empirical Economic, 1995 （20）: 325 － 332.

［43］Charnes A., Cooper W. W., Rhodes E. Measuring the Efficiency of Decision Making Units ［J］. European Journal of Operational Research, 1978 （2）: 429 － 444.

［44］Cave D. W., Christensen L. R., Diewert W. E.. The Economic Theory of Index Number and the Measurement of Input, Output, and Productivity ［J］. Econometrica, 1982 （50）: 1393 － 1414.

［45］Fare R., Grosskopf S., Lindgren B., et al. Productivity Developments in Swedish Hospitals: A Malmquist Output Index Approach ［C］. //Data Envelopment Analysis: Theory, Methodology and Applications, Bosston, Kluwer Academic Publishers, 1989.

［46］Fare R., Grosskopf S. Productivity Growth, Technical Progress, and Efficiency Change in Industrialized Countries ［J］. American Economic Review, 1994 （84）: 66 － 83.

［47］Fried H. O., Lovell C. A., Schmidt S. S., et al. Accounting for Environmental Effects and Statistical Noise in Data Envelopment Analysis ［J］. Journal of Productivity Analysis, 2002 （17）: 157 － 174.

［48］丁亚成, 金伯弢. 关于改革和完善农业技术推广体系的几个问题 ［J］. 科学学与科学技术管理, 1984 （4）: 33 － 34.

［49］简小鹰. 农业技术推广体系以市场为导向的运行框架 ［J］. 科学管理研究, 2006 （3）: 79 － 82.

［50］袁纪东, 廖允成, 李海华. 对完善中国农业技术推广体系的思考 ［J］. 中国农学通报, 2005 （6）: 470 － 472.

［51］朱方长, 殷雄. 我国农业技术推广体系改革与创新的制度反思 ［J］. 中国科技论坛, 2009 （2）: 117 － 121.

［52］周青. 农业技术推广体系建设中的政府作用 ［J］. 中共福建省委党校学报, 2009 （10）: 83 － 87.

［53］朱方长, 徐小琪. 我国政府型农业技术推广体系的制度重构 ［J］. 农

业科技管理，2010（6）：13－17＋51.

[54] 谢方，徐志文，王礼力．重建一个纯公益性的农业技术推广体系[J]．农村经济，2005（5）：98－101.

[55] 王宇，左停．农业科技推广机构职能弱化现象研究[J]．中国科技论坛，2015（9）：127－132.

[56] 杜丽华．加强农业技术推广体系建设的对策[J]．中国农学通报，2011（11）：176－180.

[57] 张水玲．基层农业科技推广现实困境与改革创新研究——以青岛市为例[J]．山东农业科学，2014（11）：153－156.

[58] 汪发元，刘在洲．新型农业经营主体背景下基层多元化农技推广体系构建[J]．农村经济，2015（9）：85－90.

[59] 邵法焕．我国农业技术推广体系的改革创新与发展趋势[J]．农村经济，2005（9）：104－107.

[60] 李维生．我国多元化农业技术推广体系的构建[J]．中国科技论坛，2007（3）：109－113.

[61] 王琳瑛，左停，旷宗仁等．新常态下农业技术推广体系悬浮与多轨发展研究[J]．科技进步与对策，2016，33（9）：47－52.

[62] 袁伟民，陶佩君．我国政府公益性农技推广组织架构优化分析[J]．科技管理研究，2017，37（22）：109－115.

[63] 高启杰，谢建华，申建为等．关于基层农业技术推广体系发展与改革的思考[J]．调研世界，2005（12）：10－13.

[64] 智华勇，黄季焜，张德亮．不同管理体制下政府投入对基层农技推广人员从事公益性技术推广工作的影响[J]．管理世界，2007（7）：66－74.

[65] 胡瑞法，孙艺夺．农业技术推广体系的困境摆脱与策应[J]．改革，2018（2）：89－99.

[66] 周青．农业技术推广体系建设中的政府作用[J]．中共福建省委党校学报，2009（10）：83－87.

[67] 李金龙，修长柏．农业科技特派员制度的国际借鉴研究[J]．科学管理研究，2015，33（5）：91－95.

[68] 邱小强．农业技术推广体系现状分析与建设对策[J]．农业科技管理，2010（4）：72－74.

[69] 张萍．宁夏农业技术推广服务体系现状分析与对策研究[D]．西安：

西北农林科技大学硕士学位论文，2003.

　　［70］刘健．我国农业技术推广体系研究［D］．华中农业大学硕士学位论文，2005.

　　［71］余璐．新疆兵团农业技术推广体系发展研究［D］．中国农业大学硕士学位论文，2005.

　　［72］耿传刚．农业技术推广体系问题研究［D］．山东农业大学硕士学位论文，2007.

　　［73］纪韬．辽宁农业技术推广体系发展对策研究［D］．中国农业科学院硕士学位论文，2009.

　　［74］何健南．黑龙江现代农业技术推广体系建设研究［D］．中国农业科学院硕士学位论文，2012.

　　［75］符瑶影．海南基层农业推广体系发展研究［D］．长江大学硕士学位论文，2012.

　　［76］王宇钢．贵州基层农业技术推广体系建设的问题及其对策分析［D］．华中师范大学硕士学位论文，2013.

　　［77］谢培山．湖南省多元化农业技术推广体系建设研究［D］．湖南农业大学硕士学位论文，2013.

　　［78］张浩然．吉林省公益性农业技术推广体系建设研究［D］．吉林农业大学硕士学位论文，2013.

　　［79］陈诗波，唐文豪，王甲云．以农业产业技术需求为导向推进基层农技推广体系改革——基于河北省迁安市的实地调研［J］．中国科技论坛，2014（12）：109 - 113.

　　［80］孔令友．论当前农业科技推广机制的制约因素［J］．南京社会科学，1993（2）：59 - 63.

　　［81］周衍平，陈会英，胡继连等．市场经济条件下农业科技推广运行机制研究［J］．农业技术经济，1997（3）：20 - 23.

　　［82］黎昌礼，朱明平，王念五等．深化农业服务体系改革，创建新型农技推广机制——对黔江区农业服务体系的调研［J］．科学咨询，2003（4）：18 - 19.

　　［83］赵佳荣．中国基层农业技术推广体系及其运行机制创新研究［J］．湖南农业大学学报（社会科学版），2004（6）：18 - 21.

　　［84］吴春梅．公益性农业技术推广机制中的政府与市场作用［J］．经济问

题，2003（1）：43 - 45.

［85］边全乐．论我国农业技术推广机制与方法的创新［J］．安徽农业科学，2006（22）：5964 - 5968.

［86］曾福生，匡远配，刘辉．中国基层农业科技服务体系的运行机制创新［J］．湖南农业大学学报（社会科学版），2006（2）：1 - 6.

［87］郑红维，吕月河，张亮等．基层农业技术推广体系构建及运行机制研究——基于河北省 640 个农户的调查分析［J］．中国科技论坛，2011（2）：125 - 132.

［88］胡瑞法，李立秋，张真和等．农户需求型技术推广机制示范研究［J］．农业经济问题，2006（11）：50 - 56 + 80.

［89］袁方．对河南省农业技术推广的供求联动机制探究［J］．湖北农业科学，2011（16）：3426 - 3429.

［90］焦源，赵玉姝，高强．农户分化状态下需求导向型农业技术推广机制研究［J］．农业经济，2015（7）：46 - 48.

［91］赵玉姝，高强，焦源．农户分化背景下农业技术推广机制优化研究述评［J］．东岳论丛，2013，34（9）：178 - 183.

［92］黄季焜，胡瑞法，智华勇．基层农业技术推广体系 30 年发展与改革：政策评估和建议［J］．农业技术经济，2009（1）：4 - 11.

［93］刘春雷．创新农技推广机制，推进农村经济发展——莱阳市农业技术推广体系运行机制创新情况的调查［J］．农业科技管理，2011（6）：55 - 57 + 68.

［94］廖西元，申红芳，朱述斌等．中国农业技术推广管理体制与运行机制对推广行为和绩效影响的实证——基于中国 14 省 42 县的数据［J］．中国科技论坛，2012（8）：131 - 138.

［95］陆华忠，罗锡文．改革推广机制，促进农业院校科技成果转化［J］．高等农业教育，2001（9）：83 - 85.

［96］张社梅，蒋远胜．农业大学农技推广机制创新的策略研究［J］．高等农业教育，2013（9）：107 - 111.

［97］张克云，王德海，刘燕丽．农村专业技术协会的农业科技推广机制——对河北省国欣农研会的案例分析［J］．农业技术经济，2005（5）：55 - 60.

［98］王力刚．我国农业科技园区技术推广的机制和模式［J］．吉林农业，2014（8）：3.

［99］李中华，高强．以合作社为载体创新农业技术推广体系建设［J］．青

岛农业大学学报（社会科学版），2009（4）：12 – 16.

[100] 孙秀莲. 基层农业技术推广运行机制创新研究初探 [J]. 基层农技推广，2013（4）：6 – 9.

[101] 李文河，李冰. 巴基斯坦农业推广服务新途径——对中国贫困地区农业推广机制创新的探讨 [J]. 世界农业，2007（12）：40 – 41.

[102] 丁自立，焦春海，郭英. 国外农业技术推广体系建设经验借鉴及启示 [J]. 科技管理研究，2011，31（5）：55 – 57.

[103] 赵文，李孟娇，王芳等. 探析国外主要农业推广模式及其对中国的启示 [J]. 世界农业，2014（9）：134 – 137 + 196.

[104] 李荣，涂先德，高小丽等. 泰国农业技术推广与循环农业发展的启示 [J]. 世界农业，2014（9）：146 – 148.

[105] 朱艳菊. 以色列农业技术推广体系的分析和借鉴 [J]. 世界农业，2015（2）：33 – 38 + 203.

[106] 陈生斗，程映国，王福祥. 美国新兴农业技术投资与推广 [J]. 世界农业，2015（1）：5 – 10.

[107] 刘怫翔，张丽君. 我国农业技术创新与扩散模式探讨 [J]. 农业现代化研究，1999（5）：294 – 297.

[108] 邵喜武. 多元化农业技术推广体系建设研究 [M]. 北京：光明日报出版社，2013.

[109] 国亮，侯军歧，惠荣荣. 农业节水灌溉技术扩散机制与模式研究 [J]. 开发研究，2014（1）：43 – 45.

[110] 李菁，米薇. 农业龙头企业在技术扩散中的作用与模式分析 [J]. 现代化农业，2009（9）：43 – 45.

[111] 李霞，董海荣，李珊珊等. 以合作组织为基础的农业科技创新扩散模式探讨 [J]. 北方园艺，2015（11）：200 – 203.

[112] 陈志英，玛丽娜，李婷等. 黑龙江省以农业院校和科研院所为主体的农业推广模式研究 [J]. 农业科技管理，2013（4）：51 – 54.

[113] 徐萍，常向阳. 农业技术扩散的新形式——农资连锁经营初探 [J]. 农村经济，2005（10）：88 – 90.

[114] 于正松，李小建，许家伟等. 基于"过程控制"的农业技术扩散系统重构研究 [J]. 科学管理研究，2018，36（4）：65 – 68.

[115] 庞洪伟. 农业技术扩散机制研究 [D]. 内蒙古农业大学硕士学位论

文，2010.

［116］韩园园，常向阳．河南省小麦种植区农业技术扩散动力机制实证研究［J］．安徽农业科学，2014（14）：4504 - 4506 + 4509.

［117］袁凤歧．农业节水技术扩散机制研究［D］．山东农业大学硕士学位论文，2011.

［118］李同升，王武科．农业科技园技术扩散的机制与模式研究——以杨凌示范区为例［J］．世界地理研究，2008（1）：53 - 59.

［119］苗园园．定西农业科技园技术扩散机制与模式研究［D］．西北大学硕士学位论文，2015.

［120］赵文哲．农业技术创新的国际扩散机制研究［J］．商场现代化，2007（5）：227 - 228.

［121］刘辉，李小芹，李同升．农业技术扩散的因素和动力机制分析——以杨凌农业示范区为例［J］．农业现代化研究，2006（3）：178 - 181.

［122］刘笑明．农业技术创新扩散的影响因素及其改进［J］．中国科技论坛，2007（5）：50 - 53 + 134.

［123］李普峰．农业技术创新扩散及其影响因素评价［D］．西北大学硕士学位论文，2010.

［124］李楠楠．农业技术采用行为的空间分异及影响因素研究［D］．西北大学硕士学位论文，2014.

［125］宋海燕．杨凌大棚技术扩散的影响因素研究［D］．西北农林科技大学硕士学位论文，2012.

［126］孟会琼，高兴丽，孟环宇．农业技术扩散过程中障碍因素解析［J］．北京农业，2015（35）：190.

［127］樊军亮，高启杰．行动研究导向下的农业技术扩散及其影响［J］．科技进步与对策，2015（19）：56 - 60.

［128］旷浩源，应若平．社会网络中的技术支持对农业技术扩散的影响分析［J］．安徽农业科学，2012（3）：1837 - 1839 + 1842.

［129］胡志丹，王奎武，柏鑫等．社会技术对农业技术创新与扩散的影响分析［J］．科技进步与对策，2011（8）：55 - 59.

［130］周波，张旭．农业技术应用中种稻大户风险偏好实证分析——基于江西省1077户农户调查［J］．农林经济管理学报，2014（6）：584 - 594.

［131］艾路明．中国农业技术扩散的宏观环境及经验因素［J］．江汉论坛，

1998 (9)：13 - 17.

[132] 谢芳. 广东渔业科技推广存在问题及对策研究 [D]. 广东海洋大学，2015.

[133] 王健，袁世权，齐亚春. 谈谈农业创新扩散的影响因素 [J]. 农业与技术，2014 (5)：219.

[134] 朱希刚，赵绪福. 贫困山区农业技术采用的决定因素分析 [J]. 农业技术经济，1995 (5)：18 - 21 + 26.

[135] 孔祥智，方松海，庞晓鹏等. 西部地区农户禀赋对农业技术采纳的影响分析 [A]. 中国农业技术经济研究会促进农民增收的技术经济问题研究——中国农业技术经济研究会2004 年学术研讨会论文集 [C]. 北京：中国农业技术经济研究会，2004：16.

[136] 方松海，孔祥智. 农户禀赋对保护地生产技术采纳的影响分析——以陕西、四川和宁夏为例 [J]. 农业技术经济，2005 (3)：35 - 42.

[137] 王宏杰. 农户禀赋对家庭收入影响的实证分析 [J]. 经济论坛，2011 (2)：54 - 56.

[138] 国亮，侯军歧. 农户禀赋影响节水灌溉技术普及的实证分析——以陕西为例 [J]. 开发研究，2011 (1)：79 - 81.

[139] 黄彦，温继文，孙焕磊. 农户禀赋对农业信息服务技术采纳的影响分析 [J]. 林业经济评论，2012 (2)：114 - 121.

[140] 陈琛，王玉华，王庆峰. 基于农户禀赋条件的大都市郊区农户有机农业生产决策心理分析——以北京为例 [J]. 生态经济（学术版），2013 (2)：187 - 190 + 202.

[141] 刘子飞，张体伟，胡晶. 西南山区农户禀赋对其沼气选择行为的影响——基于云南省1102 份农户数据的实证分析 [J]. 湖南农业大学学报（社会科学版），2014 (2)：1 - 7.

[142] 温继文，孙焕磊. 不同禀赋农户对信息服务技术采纳行为的对比分析 [J]. 数学的实践与认识，2014，44 (10)：79 - 88.

[143] 石洪景. 农户采纳台湾农业技术行为及其影响因素分析——基于制度及其认知视角的分析 [J]. 湖南农业大学学报（社会科学版），2015 (1)：25 - 30.

[144] 蔡键. 不同资本禀赋下资金借贷对农业技术采纳的影响分析 [J]. 中国科技论坛，2013 (10)：93 - 98 + 104.

［145］刘宇，黄季焜，王金霞，Scott Rozelle. 影响农业节水技术采用的决定因素——基于中国 10 个省的实证研究［J］. 节水灌溉，2009（10）：1 - 5.

［146］唐博文，罗小锋，秦军. 农户采用不同属性技术的影响因素分析——基于 9 省（区）2110 户农户的调查［J］. 中国农村经济，2010（6）：49 - 57.

［147］李后建. 农户对循环农业技术采纳意愿的影响因素实证分析［J］. 中国农村观察，2012（2）：28 - 36 + 66.

［148］李后建，张宗益. 技术采纳对农业生产技术效率的影响效应分析——基于随机前沿分析与分位数回归分解［J］. 统计与信息论坛，2013（12）：58 - 65.

［149］米松华，黄祖辉，朱奇彪等. 农户低碳减排技术采纳行为研究［J］. 浙江农业学报，2014（3）：797 - 804.

［150］储成兵，李平. 农户病虫害综合防治技术采纳意愿实证分析——以安徽省 402 个农户的调查数据为例［J］. 财贸研究，2014（3）：57 - 65.

［151］朱萌，齐振宏，罗丽娜等. 不同类型稻农保护性耕作技术采纳行为影响因素实证研究——基于湖北、江苏稻农的调查数据［J］. 农业现代化研究，2015（4）：624 - 629.

［152］高杨，王小楠，西爱琴等. 农户有机农业采纳时机影响因素研究——以山东省 325 个菜农为例［J］. 华中农业大学学报（社会科学版），2016（1）：56 - 63 + 130.

［153］姚科艳，陈利根，刘珍珍. 农户禀赋、政策因素及作物类型对秸秆还田技术采纳决策的影响［J］. 农业技术经济，2018（12）：64 - 75.

［154］陈平南. 我国水产技术推广体系面临的困境及体制转型［J］. 广东农业科学，2013（14）：213 - 215.

［155］张继平. 水产技术推广体系在解决"三农"问题中的作用［J］. 上海水产大学学报，2004（3）：250 - 254.

［156］杨坚. 加快建立水产技术推广新机制［J］. 中国水产，1993（2）：10 - 11.

［157］孙岩. 我国水产技术推广队伍能力建设研究［J］. 基层农技推广，2013（7）：18 - 27.

［158］李宁玉. 广东省水产技术推广体系建设现状及对策［D］. 华南理工大学硕士学位论文，2013.

［159］李瑞艳，张国栋. 关于地市级水产技术推广体系科学发展的思考与建

议——齐齐哈尔市水产技术推广体系改革［J］．中国水产，2014（S1）：33 – 36.

［160］孙岩，李可心，朱泽闻等．我国基层水产技术推广体系保障能力现状分析及发展建议［J］．中国水产，2012（12）：36 – 37.

［161］魏宝振，吕永辉．创新推广体制与机制　推动多元化农技服务组织的发展——山西、四川省基层水产技术推广体系改革与建设情况的调研报告［J］．中国水产，2007（6）：9 – 11.

［162］李洪进，涂桂萍，毛国庆．基层水产技术推广体系面临的问题及其对策［J］．中国水产，2011（8）：72 – 73.

［163］沙正月，李进村．霍邱县水产技术推广体系存在的问题及建议［J］．现代农业科技，2012（14）：291 – 292.

［164］吕永辉，冯亚明，张国喜．加强服务能力建设　助推渔业转型升级——江苏省泰州市水产技术推广体系运行情况的调查与思考［J］．中国水产，2014（S1）：16 – 19.

［165］张金龙．济源市水产技术推广体系面临的主要问题及对策［J］．河南水产，2015（3）：42 – 43.

［166］赵文云，缪丽梅，张永祥等．杭锦后旗渔业生产现状分析及发展对策［J］．内蒙古农业科技，2013（5）：27 – 29 +42.

［167］肖健．完善从化区水产养殖科技推广与服务体系研究［D］．仲恺农业工程学院硕士学位论文，2017.

［168］焦源，高强，赵玉姝．渔民对不同渔业技术需求意愿及影响因素分析——以青岛市为例［J］．中国渔业经济，2013（4）：72 – 77.

［169］蒋高中，李群．关于加强中国水产技术推广体系建设的思考［J］．中国农学通报，2007（8）：552 – 556.

［170］牛曼丽．加强农技推广信息化建设，提升体系公共服务能力——以水产技术推广信息化建设为例［J］．中国水产，2014（S1）：40 – 43.

［171］邹立秋．基层水产技术推广中存在的问题及强化措施［J］．经贸实践，2015（10）：287.

［172］金炜博，杨冰，汪艳涛．国外水产技术推广体系构建及其经验启示［J］．世界农业，2015（7）：18 – 23.

［173］魏宝振．发挥推广体系技术和网络优势，促进水产养殖业增长方式的转变［J］．中国水产，2006（6）：4 – 5.

［174］金炜博，汪艳涛，西爱琴．我国沿海地区水产技术推广效率的时空演

变——基于面板三阶段 DEA 模型的分析［J］. 科技管理研究，2018，38（15）：68 - 76.

［175］张显良. 中国现代渔业体系建设关键技术发展战略研究［M］. 北京：海洋出版社，2011.

［176］刘新山. 渔业行政管理学［M］. 北京：海洋出版社，2010.

［177］陈戈止. 技术经济学［M］. 北京：高等教育出版社，2013.

［178］邵喜武. 多元化农业技术推广体系建设研究［M］. 北京：光明日报出版社，2013.

［179］刘剑飞. 农业技术创新过程研究［D］. 西南大学博士学位论文，2012.

［180］高启杰. 农业推广学［M］. 北京：中国农业大学出版社，2008.

［181］吕强，李文莲. 管理学［M］. 沈阳：东北财经大学出版社，2017.

［182］章祥荪，贵斌威. 中国全要素生产率分析：Malmquist 指数法评述与应用［J］. 数量经济技术经济研究，2008（6）：111 - 122.

［183］邵桂兰，阮文婧. 我国碳汇渔业发展对策研究［J］. 中国渔业经济，2012（4）：45 - 52.

［184］刘晓斌. 江苏省农业科技推广体系存在的问题与建议［D］. 南京农业大学硕士学位论文，2006.

［185］И. В. Зиланова，刘小野. 美国渔业及其管理机构［J］. 河北渔业，1992（2）：40 - 43.

后 记

2016 年从中国海洋大学博士毕业后，走上了青岛理工大学的教学岗位，工作已近三年。特别感谢我的父亲金志海和母亲于秀娟，感谢我的妻子李佳睿及我的领导、老师、同事及学生们，感谢他们一直以来对我的鼓励与支持。

水产技术推广工作是我国海洋经济发展的重点工作之一，对研究我国沿海地区水产技术推广体系意义显著。我和我的同门及我的学生张勇翔等一起在走访专家、学者和调研渔民的过程中，发现国家期望和现实生产之间存在很大的差距，对比更新后的数据发现：国家对水产技术推广体系投入比重不断增加，渔业增产和渔民增收效果良好。随着整个推广体系推广队伍素质的提升、推广经费的增加、推广方式的丰富，逐渐让更多中小户渔民受益起来，让他们真正获得渔业新技术并用于生产。通过这本著作，也期望能为政府工作、科学研究及渔业生产奉献自己的一份绵薄之力，让我国的渔业发展越来越好。

在青岛理工大学商学院从教的这段时间里，不断积累教学与科研等方面的经验，夯实基础，也希望通过自己的努力在未来教学科研工作中不断进步，让所学所得知识服务于社会，也为繁荣我国哲学社会科学工作贡献出自己的一份力量！

最后，真诚祝福每一位看到这本书的人，祝愿大家心想事成，顺祝文祺！

金炜博
于青岛市市南区佛涛路 6 号
2019 年 1 月 27 日